Wissenschaftliches Arbeiten mit SOKRATARIS

Interaktives Erstellen von Definitionen am Personal-Computer

Buch mit Diskette

Von

Dr. Martin G. Möhrle

und

Dipl.-Wirtsch.-Ing. Rainer A. Kellerhals

Zweite, durchgesehene Auflage

R. Oldenbourg Verlag München Wien

Die Deutsche Bibliothek – CIP-Einheitsaufnahme

Möhrle, Martin G.:
Wissenschaftliches Arbeiten mit SOKRATARIS : interaktives Erstellen von Definitionen am Personal-Computer ; Buch mit Diskette / von Martin G. Möhrle und Rainer A. Kellerhals. – 2., durchges. Aufl. – München ; Wien : Oldenbourg, 1994
ISBN 3-486-23024-7

NE: Kellerhals, Rainer A.:

Gesamtherstellung: Huber KG, Dießen

ISBN 3-486-23024-7

Inhaltsübersicht

Inhaltsverzeichnis

Vorwort zur zweiten Auflage

Seit *Sokrataris* Ende 1992 erschienen ist, erhielten wir zahlreiche Verbesserungshinweise und Erweiterungsvorschläge. Wir bedanken uns bei allen, die uns mit ihrem Rat weitergeholfen haben, insbesondere bei Herrn Dipl.-Math. oec. Roland Hanebeck für seine detaillierte Durchsicht unseres Buches und Programms.

Wir haben die Zeit seit der ersten Auflage genutzt, um *Sokrataris* um ein Lernprogramm mit dem Namen *Sokratut (Sokra*taris *Tut*orial) zu ergänzen. *Sokratut* wurde aufbauend auf unser Buch und Programm von Herrn cand.-wirtsch.-ing. Anton Kißlinger entworfen und implementiert. In interaktiver Form bietet es eine Einführung in die Begriffs- und Definitionslehre sowie Benutzungshinweise zu *Sokrataris*. *Sokratut* läuft unter der inzwischen weit verbreiteten Betriebssystemergänzung *Microsoft Windows 3.1* und erfordert etwa 2 MB Speicherplatz auf der Festplatte eines Personal-Computers. Es steht allen Interessierten entgeltfrei zur Verfügung (zum Bezug von *Sokratut* siehe den Kasten auf dieser Seite).

Kaiserslautern, den 1.5.94

Dr. Martin G. Möhrle
Dipl.-Wirtsch.-Ing. Rainer A. Kellerhals

Bezug von *Sokratut*

Sie können *Sokratut*, das interaktive Lernprogramm zu *Sokrataris*, auf zwei Weisen beziehen:

- Wenn Sie einen FTP-Zugang zum Internet besitzen, können Sie *Sokratut* auf dem Server FTP.UNI-KL.DE in gepackter Form abrufen.
- Wir sind auch gerne bereit, *Sokratut* auf Disketten zu versenden. Senden Sie uns dazu bitte einen Verrechnungsscheck über 10,- DM sowie einen adressierten und ausreichend frankierten Rückumschlag (Porto im Inland z. Zt. 3,- DM). Sie erhalten dann zwei auf Virenfreiheit geprüfte 3,5"-HD-Disketten (1,44 MB) mit *Sokratut* und einer Installationsanleitung. Die Bezugsadresse lautet:

  Dr. Martin G. Möhrle
  Universität Kaiserslautern
  Lehrstuhl für Betriebsinformatik und Operations Research
  Postfach 3049
  67653 Kaiserslautern

Vom prägnanten Definieren zur gedanklichen Klarheit

Von Prof. Dr. Heiner Müller-Merbach

"Zucker ist ein weißes Pulver, welches den Kaffee bitter macht, wenn man vergißt, ihn hineinzutun", so soll laut einer Rundfunksendung einmal ein Schüler formuliert haben. *Von hinten durch die Brust ins Auge!*

Dinge prägnant zu definieren, ist eine hohe Kunst, die nicht viele beherrschen. Diese Kunst bedarf wie jede andere einer gestaltenden Technik. Wer die Technik nicht beherrscht, wird sich in der Kunst nicht bewähren können - sei es die Kunst des Komponierens, sei es die Kunst der Malerei, sei es die Kunst der Unterhaltung, sei es die Kunst des technischen Konstruierens, sei es die Kunst der Menschenführung, oder sei es die Kunst des Ordnens der Gedanken.

Schon *Konfuzius* (*Kung Fu Tse*, ca. 551 - 479 v. Chr.) lehrte uns, daß vor der Klarheit unseres Denkens die Klärung der Begriffe zu stehen habe. Aber wie soll man Begriffe klären, wenn es einem an der Definitionstechnik gebricht? Dazu bieten Möhrle und Kellerhals in diesem Buch eine wertvolle Handreichung: *"Sokrataris"*.

- Kennen Sie den Unterschied zwischen *intensionalem* und *extensionalem* Definieren?
- Kennen Sie die *"vier Gründe des Seienden"* von *Aristoteles* (ca. 384 - 322 v. Chr.): die *"causa materialis"* (Stoff), die *"causa formalis"* (Form), die *"causa efficiens"* (bewirkende Ursache) und die *"causa finalis"* (Ziel oder Zweck) eines Dinges? *Thomas von Aquin* (1225 - 1274) und andere Scholastiker haben dieses Gliederungsprinzip für ihre Strukturierung des Wissens gepflegt und vervollkommnet. Es ist von ungebrochener Aktualität für die Klärung von Begriffen - doch viele scheinen es nicht zu kennen.

Solche alten und viele neue Erkenntnisse aus Philosophie, Wissenschaft und Handlungspraxis bilden die Basis für eine ausgefeilte Technik des Definierens. Das System *"Sokrataris"* vermittelt einen wirkungsvollen Zugang zu der Technik.

Definitionen, erst recht Definitionssammlungen oder Definitionsaufzählungen, können schrecklich langweilig sein und den Leser sofort in den Zustand süßen Tiefschlafs versetzen: Hier war ein Anfänger am Werk, oder es mangelte dem Autor an Leserorientierung.

Auch das Gegenteil ist möglich. Durch definitorische Brillanz kann man dem Leser eine faszinierende Begriffswelt eröffnen und Zugang zu seinem Denken finden. Der gute Autor bringt das fertig. Durch seine Begriffe baut er im Kopf des Lesers eine eindrucksvolle *innere Bühne* auf.

Möhrle und Kellerhals wollen mit ihrem System *"Sokrataris"* Autoren in ihren Bemühungen um prägnantes Definieren unterstützen und ihnen zu höherer gedanklicher Klarheit verhelfen. *"Sokrataris"* ist etwas Neuartiges. Es gibt bisher kein anderes System des computerunterstützten Definierens. Wird es Anwender finden? Ich bin von der Marktfähigkeit dieses Produktes überzeugt. Bei den Studenten des Wirtschaftsingenieurwesens an der Universität Kaiserslautern hat *"Sokrataris"* auf Anhieb begeisterte Anwender gefunden. Sie sehen in *"Sokrataris"* eine nützliche Unterstützung ihres wissenschaftlich-fachlichen Arbeitens.

1 Einführung

Jede Definition ist eine Nottaufe,
angewandt nicht, weil man Furcht hat,
daß das Ding stirbt, sondern ganz im Gegenteil,
daß es zu schnell wächst und zu sprechen beginnt,
bevor wir es eingeordnet haben.

Eschmann

1 Interaktives Definieren mit *Sokrataris*

In vielen wirtschaftswissenschaftlichen Arbeiten - seien es nun Seminar-, Diplomarbeiten, Dissertationen oder Lehrwerke - ist eines der zentralen Kapitel der *Definition der Schlüsselbegriffe* gewidmet. Beispielsweise möge eine Diplomarbeit zum Thema "Multimediale Systeme zur Unterstützung von Produktbeschreibungen" anzufertigen sein. Zumindest die Begriffe *Multimediales System* und *Produktbeschreibung* bedürfen in einem solchen Fall der näheren Erläuterung, der *Definition.*

So grundlegend die Tätigkeit des Definierens für wissenschaftliches Arbeiten ist, so verursacht sie doch häufig einen Zwiespalt zwischen gefühlsmäßiger Abneigung gegen sie und vernünftiger Einsicht in ihre Notwendigkeit:

- Einerseits gilt das Definieren bei vielen wissenschaftlich Arbeitenden als trocken, langweilig und unergiebig; es wird häufig als Pflichtübung angesehen, die bei der Erstellung einer Seminar-, Diplomarbeit oder Dissertation zu erfüllen ist.
- Andererseits erschließt das Definieren den Zugang zu den Begriffen einer Arbeit; durch die Definition eines Begriffs werden bestimmte Bedeutungen festgelegt und damit Aussagemöglichkeiten geschaffen; durch verschiedene Blickwinkel auf einen Begriff tritt erst sein ganzer Sinnumfang heraus.

Das Programm *Sokrataris* zielt auf eine methodische Verbesserung der Tätigkeit des Definierens: Durch *interaktives Arbeiten* mit Hilfe des Personal-Computers können übliche Denkblockaden überwunden werden, und der wissenschaftlich Arbeitende kann das Definieren als einen Prozeß erleben, der ihm neue Einblicke in sein Fachgebiet eröffnet und zu tieferem Verständnis des bearbeiteten Themas führt. *Sokrataris* übernimmt dabei die Rolle eines *Werkzeugs* und *Dialogpartners*; außerdem unterstützt es den Benutzer als *Berater* in Fragen des Definierens (Abschnitt 1.1). Der Prozeß des *interaktiven Definierens* ist Bestandteil eines bestimmten methodischen Vorgehens, das vier Schritte umfaßt und in Abschnitt 1.2 vorgestellt wird. Die Idee des *interaktiven Definierens* geht auf grundlegende Gedanken zweier philosophischer Berater zurück, nämlich auf Gedanken von *Aristoteles* und *Sokrates* (Abschnitt 1.3). In den weiteren Kapiteln dieses Buches werden die Funktionen von *Sokrataris* eingehend vorgestellt; außerdem werden die erkenntnistheoretischen Grundlagen des Definierens erläutert (Abschnitt 1.4).

1.1 *Sokrataris* als Werkzeug, Dialogpartner und Berater

Die Funktionen von *Sokrataris* orientieren sich an den beiden Rollen, die das Programm gegenüber den Benutzern einnimmt: Einerseits ist es ein *Werkzeug* und *Dialogpartner* im Prozeß des interaktiven Definierens, andererseits ein *Berater* hinsichtlich der Grundlagen der Definitionslehre.

Sokrataris kann als *Werkzeug* und *Dialogpartner* genutzt werden: Der Benutzer kann mit dem Programm Definitionen erstellen, verändern, speichern, gespeicherte Definitionen laden, Definitionen als Textdatei exportieren, den Dialogmodus wählen, Textdateien in Fenster laden etc. Beim Erarbeiten einer neuen Definition bietet *Sokrataris* dem Benutzer eine Reihe von Definitionskriterien an, deren Gesamtheit ein umfassendes Kriterienraster bildet. Zu jedem Definitionskriterium erscheint eine Dialogbox, in der auch die Antwort eingegeben werden kann. Die Eingaben werden im Arbeitsspeicher zu einer Textdatei zusammengefügt, die zugleich in einem eigenen Textfenster gezeigt werden kann. Der Funktionsumfang von *Sokrataris* umfaßt neben den aus Textverarbeitungsprogrammen bekannten Grundfunktionen zahlreiche speziell definitionsorientierte Funktionen (vgl. zum Einsatz der Textverarbeitung bei wissenschaftlichen Arbeiten Sesink 1990 und Theisen 1990, S. 32 - 36).

Die zweite Rolle von *Sokrataris* ist die eines *Beraters:* Das Programm führt in die Grundlagen der Definitionslehre ein und berät den Benutzer bei der Anwendung der verschiedenen Definitionskriterien. Wozu dient das gerade bearbeitete Definitionskriterium? Wie wird es angewandt? Erläuterungen dazu enthalten die den Dialogboxen unmittelbar zugeordneten Hilfetexte. Was ist ein Begriff? Was ist eine Definition? Welche Arten von Definitionen unterscheidet man? Ist eine Definition wahrheitsfähig? Wie erstellt man eine Begriffspyramide? Erkenntnistheoretisch fundierte Antworten auf diese Fragen geben die über das Hilfemenü abrufbaren zentralen Hilfetexte des Programms. Alle Hilfetexte enthalten mehrere Beispiele aus der Betriebswirtschaftslehre, um die erkenntnistheoretischen Grundlagen anwendungsbezogen zu vermitteln und um Analogieschlüsse anzuregen. Alle Hilfetexte sind über Querverweise zu einem umfassenden Nachschlagewerk verknüpft.

1.2 Der Prozeß des interaktiven Definierens

Natürlich bleibt es dem Leser überlassen, auf welche Weise er beim Definieren vorgehen möchte. Gleichwohl sei hier eine methodische Vorgehensweise vorgeschlagen, die vier Schritte umfaßt und als Prozeß des *interaktiven Definierens* bezeichnet wird:

1) **Einarbeiten in das Themengebiet**: Vor dem Definieren steht die grundsätzliche Auseinandersetzung mit dem Themengebiet und dessen Terminologie.

2) **Erstellen einer vorläufigen Definition**: Zumeist verbindet man mit einem Begriff bereits bestimmte Vorstellungen und Ideen. Auch hat man häufig schon Annahmen gebildet, wie man den Begriff in der anzufertigenden Arbeit verwenden will. Durch das Thema der Arbeit ist ferner der Zusammenhang festgelegt, in dem der Begriff verwendet werden soll. Aus diesem Fundus schöpfend wird mit *Sokrataris* eine vorläufige Definition erstellt; dabei wird das von *Sokrataris* bereitgestellte Kriterienraster verwendet. So entsteht bereits zu Beginn eine gut strukturierte und gegliederte Definition.

3) **Analyse von Definitionen aus der Literatur**: Eine Analyse von Definitionen aus thematisch relevanten Aufsätzen und Monographien schließt sich an, um mit der im Fach üblichen Verwendung des Begriffs vertraut zu werden. Das Vorgehen bei diesem *Analyseprozeß* gleicht dem Zerlegen einer aus Einzelteilen zusammengesetzten Baugruppe, wobei die Einzelteile zugleich nach einer bestimmten Systematik sortiert werden: Jedes einzelne in einer existierenden Definition genannte Begriffsmerkmal wird in einem eigenen Satz beschrieben, in das Kriterienraster von *Sokrataris* eingeordnet und in die entsprechende Dialogbox eingegeben. Bei diesem Analyseprozeß treten oft weitere Merkmale des Begriffs hervor, die in der vorläufigen Definition noch nicht oder nur unzureichend berücksichtigt sind. Durch die einheitliche Strukturierung der vorgefundenen Definitionen mittels des Kriterienrasters lassen sich die Unterschiede im Sprachgebrauch verschiedener Fachvertreter deutlich herausarbeiten.

4) **Synthese der in der eigenen Arbeit zu verwendenden Definition**: Aufbauend auf den Ergebnissen des zweiten und dritten Schritts wird die in der eigenen Arbeit zu verwendende Definition erstellt. Sie soll sich einerseits als tragfähiges Element in die Begriffswelt der eigenen Arbeit einfügen und die eigenen Vorstellungen und Schwerpunktsetzungen beinhalten, und andererseits soll sie die im Fach übliche Begriffsverwendung berücksichtigen. Deshalb wird sie in einem *Syntheseprozeß* erarbeitet, in dem die gefundenen Begriffsmerkmale im Kriterienraster zu einer für die eigene Arbeit zweckmäßigen Definition zusammengefügt werden. Dieser Arbeitsschritt wird durch das vorangegangene Einordnen der verschiedenen Begriffsmerkmale in das Kriterienraster von *Sokrataris* bedeutend vereinfacht.

Sokrataris unterstützt die Schritte 2, 3 und 4 des interaktiven Definierens. Für diese Schritte, aber auch generell, bieten sich zwei Anwendungsmöglichkeiten:

- die *Definition neuer Begriffe* (insbesondere in den Schritten 2 und 4) und
- die *Analyse bestehender Begriffsdefinitionen* (insbesondere in den Schritten 3 und 4).

Die Aufgabe der *Definition neuer Begriffe* unterstützt *Sokrataris,* indem es dem Definierenden ein Kriterienraster zur Verfügung stellt und Anregungen durch betriebswirtschaftliche Beispiele gibt. Hierdurch wird das normale Betrachtungsspektrum eines Begriffes erweitert; durch *Assoziationen* und *Analogieschlüsse* entstehen neue Ideen, die in eine umfassende Struktur eingebettet werden können.

Das Definieren mit *Sokrataris* ähnelt dem *Brainstorming*: Zunächst werden die Ideen gesammelt, mehr oder weniger ohne "logische" Reihenfolge in die entsprechenden Dialogboxen eingegeben. Das Kriterienraster von *Sokrataris* sorgt allerdings für eine *grobe Struktur* und eröffnet verschiedene Blickwinkel auf den zu definierenden Begriff. Schließlich können die gesamten Aussagen über die Merkmale des zu definierenden Begriffs in eine *Textdatei* exportiert werden. Die Textdatei eignet sich zur Weiterbearbeitung in (fast) jedem Textverarbeitungsprogramm. Hier können die erfahrungsgemäß zunächst recht umfangreichen Begriffsbeschreibungen zusammengefaßt, gestrafft und auf die wesentlichen Aspekte reduziert werden; so erhält man prägnante Definitionen.

Neben der Definition neuer Begriffe kann *Sokrataris* auch zur *Analyse bestehender Begriffsdefinitionen* eingesetzt werden: Die zentralen Begriffe einer Arbeit wurden normalerweise schon in verschiedenen Aufsätzen und Monographien anderer Autoren verwendet und dort definiert. Hier bietet sich ein Vergleich der *unterschiedlichen Definitionen* eines Begriffes an. Beispielsweise gibt es etliche Definitionen des Begriffes *Wirtschaftsinformatik*, u.a. von Hansen, Heinrich, Kurbel, Mertens, Müller-Merbach, Scheer, Sinz, Stahlknecht, Steffens und Wedekind.

Im Rahmen der Analyse bestehender Definitionen bedarf es einer *Aufbereitung* der vorgefundenen Definitionen: Jedes der in einer vorgefundenen Definition genannten Begriffsmerkmale sollte in einen *eigenen Satz* gekleidet werden. Sodann werden diese Sätze in das Kriterienraster von *Sokrataris* eingeordnet und in die entsprechende Dialogbox eingegeben.

Ein Vergleich der solcherart strukturierten Definitionen - der Ausgaben von *Sokrataris* - zeigt die *Schwerpunkte*, die *Gemeinsamkeiten* und die *Unterschiede* der verschiedenen Definitionen des in Frage stehenden Begriffs auf: In manchen Definitionen mag das Definitionskriterium *Zweck* im Vordergrund stehen, in anderen begriffliche Einordnungen, wieder in anderen Abgrenzungen gegenüber ähnlichen, leicht zu verwechselnden Begriffen.

1.3 Philosophische Grundideen

Bei der Erstellung von *Sokrataris* wirkten - im übertragenen Sinne - zwei renommierte philosophische Berater mit: Von *Sokrates* stammt die pädagogische Technik und von *Aristoteles* die Idee eines Kriterienrasters, das beim Definieren angelegt werden kann.

Sokrates: Wissen durch Fragen "erwecken"

Der erste philosophische Berater von *Sokrataris* ist *Sokrates*. *Sokrates* konnte seinen Mitmenschen schrecklich auf die Nerven fallen, denn er liebte die Diskussion über alles. Weischedel (1988, S.31) meint dazu: "Kaum erspäht er jemanden auf der Straße, so geht er auf ihn zu und beginnt, sich mit ihm zu unterhalten. Dabei ist es ihm gleichgültig, ob sein Partner ein Staatsmann ist oder ein Schuster, ein General oder ein Eseltreiber."

Warum diskutiert *Sokrates* so gerne? Er sucht durch die Diskussion nach Wahrheit. Weischedel (1988, S. 32): "Er fragt jeden, ob er denn auch wisse, wovon er rede: den einen, der von der Frömmigkeit spricht, einen anderen, der immerzu das Wort 'Tapferkeit' im Munde führt, einen dritten, der meint, er kenne sich im Staatswesen oder in der Kunst der überzeugenden Rede aus. Wenn sich diese Leute erst einmal auf die Unterhaltung eingelassen haben, sind sie rasch verloren. Denn dann zeigt ihnen *Sokrates* mit Ironie und mit vielerlei dialektischen Künsten, daß sie im Grunde nichts von dem verstehen, wovon sie so selbstsicher daherreden, und daß sie am wenigsten sich selber begreifen."

Durch die häufigen und ausdauernd geführten Diskussionen entwickelt *Sokrates* seine pädagogische Technik, die hier als *Hebammenkunst* bezeichnet werden soll (vgl. hierzu auch Rehmke und Schneider 1983, S. 29 - 30). Sie knüpft an eine seiner elementaren Überzeugungen an. *Sokrates* glaubt, daß Wissen nicht erlernbar bzw. von einem Menschen auf den anderen übertragbar sei. Vielmehr sei alles Wissen der Welt in jedem einzelnen Menschen vorhanden, er könne sich nur nicht an alles erinnern. Aufgabe einer pädagogischen Technik sei es daher, dieses Wissen in dem Menschen wieder zu erwecken, die Dienste einer Hebamme bei der Geburt des Wissens aus dem menschlichen Inneren zu leisten.

Man mag *Sokrates'* Überzeugung nicht unbedingt teilen, wenn sie auch auf ihre Art faszinierend radikal ist. Gleichwohl reduziert seine dialektische Fragetechnik die Komplexität einer Begriffsbestimmung auf ein deutlich niedrigeres Niveau.

Aristoteles: Definieren im Kriterienraster

Als zweiter philosophischer Berater ergänzt *Aristoteles* die pädagogische Fragetechnik des *Sokrates* durch die Idee einer ausgefeilten definitorischen Systematik. Wenn das Zitat "Des Weisen Amt ist: ordnen" auch nicht von *Aristoteles* selbst, sondern von seinem späten Nachfolger *Thomas von Aquin* stammt, trifft es doch den Kern der aristotelischen Anstrengungen. Dazu de Crescenzo (1988, S. 133): "Um diese gewöhnlichen Probleme zu lösen (die Einteilung von Tieren und Pflanzen, Anmerkung der Verfasser), schrieb *Aristoteles* nicht weniger als acht Bücher über die Physik. Danach verfaßte er weitere vierzehn, um zu erklären, was die Metaphysik sei, nämlich die Dinge, die über die sinnlich faßbare Welt hinausreichen." Ähnlich auch Weischedel (1988, S. 54): "Er ist, gerade als Gelehrter, ein Mann von Welt. Sein ganzes Interesse ist der Wirklichkeit in der Vielfalt ihrer Erscheinungen zugewandt. Er untersucht die Tiere in ihren Gestalten und Verhaltungen, die Gestirne, die Staatsverfassungen, die Dichtkunst, die Rhetorik."

Aristoteles entwickelt ein Schema mit vier Aspekten, die er zur Ordnung zugrundelegt (vgl. Müller-Merbach 1991, S. 211). Es sind

- der *Stoff*, aus dem etwas besteht,
- die *Form*, in der sich etwas darstellt,

- die *bewirkende Ursache*, durch die etwas entstanden ist, und
- das *Ziel* bzw. der *Zweck*, dem etwas dient.

Die Idee eines Kriterienrasters, das beim Definieren angelegt werden kann, bildet den zweiten philosophischen Ratschlag, auf den bei der Konzeption von *Sokrataris* in modifizierter Form eingegangen worden ist.

1.4 Der Aufbau des Buches

Das Buch umfaßt neben dem einführenden Kapitel 1 vier weitere Kapitel und einen Anhang:

- In Kapitel 2 wird im Sinne eines "Learning-by-doing"-Ansatzes die Benutzung von *Sokrataris* anhand der Definition des Begriffs *Umweltschutzmanagement* gezeigt. Das Beispiel kann und sollte direkt am Rechner nachvollzogen werden (vgl. den Anhang zur Installation).
- Kapitel 3 ist sodann den erkenntnistheoretischen Grundlagen des Definierens gewidmet. Aus der Beschäftigung mit der Erkenntnistheorie läßt sich manche nützliche Einsicht für den Umgang mit Definitionen gewinnen, beispielsweise eine Antwort auf die (falsch gestellte) Frage, ob Definitionen generell wahr oder falsch sein können.
- Die jeweiligen Funktionen und Dialogboxen von *Sokrataris* werden in Kapitel 4 in der Reihenfolge ihres Auftretens auf den Bildschirmmenüs besprochen. Dabei vertiefen die Abschnitte 4.2 und 4.3 die erkenntnistheoretischen Grundlagen: In ihnen werden die Definitionskriterien wie *Zwecke, Ursachen* und *Wirkungen* anhand von Beispielen vorgestellt.
- Kapitel 5 schließlich bietet einen Ausblick auf drei mögliche Weiterentwicklungen von *Sokrataris*, nämlich von den Hilfetexten zu Tutorials, von der Begriffspyramide zum Begriffssystem und von wirtschaftswissenschaftlichen Lexika zu Definitionsbanken.
- Im Anhang geht es um die Installation von *Sokrataris*. Das Programm kann auf jedem IBM-kompatiblen Personal-Computer mit mindestens 640 kB Arbeitsspeicher verwendet werden. Empfehlenswert, aber nicht unbedingt notwendig, sind Maus, Festplatte und Farbmonitor.

2 Definieren mit *Sokrataris*

> Dinge, die wir lernen müssen,
> bevor wir sie tun können,
> lernen wir, indem wir sie tun.
>
> *Aristoteles*

2 Definieren mit *Sokrataris:* "Learning by Doing" am praktischen Beispiel "Umweltschutzmanagement"

Der Umweltschutz gewinnt zunehmend an Bedeutung: Begriffe wie *Emissionsverringerung, Recycling, Abfallverwertung* und *Wasserreinhaltung* nehmen in der seit den 70er Jahren geführten Diskussion eine zentrale Stellung ein, und sie stehen für aktuelle Probleme in Unternehmen. Ein *Management des betrieblichen Umweltschutzes* tut not, und es ist Gegenstand einer wachsenden Zahl wissenschaftlicher Arbeiten. Dabei stellt sich häufig die Frage nach einer Definition des Begriffes *Umweltschutzmanagement.*

Teile einer Antwort auf diese Frage werden anhand des Kriterienrasters von *Sokrataris* erarbeitet (Abschnitt 2.1). Dieses einführende Beispiel bildet eine abgeschlossene Folge von Arbeitsschritten. Am besten vollziehen Sie es an Ihrem Personal-Computer Schritt für Schritt nach. So werden Sie rasch mit der Bedienung der wichtigsten Funktionen des Programms vertraut, und das praktische Arbeiten ist unterhaltsamer als bloße Lektüre.

Das Erarbeiten einer Definition ist die wichtigste Tätigkeit beim Umgang mit *Sokrataris*. Sie wird ergänzt um weitere Tätigkeiten, von denen die am häufigsten gebrauchten (Überarbeiten einer früher erstellten Definition, Exportieren eines Definitionstextes in ein Textverarbeitungsprogramm) ebenfalls an Beispielen erarbeitet werden (Abschnitt 2.2).

2.1 Ein einführendes Beispiel

In diesem Abschnitt wird eine Definition des Begriffes *Umweltschutzmanagement* mit *Sokrataris* entworfen:

- Die wichtigsten Funktionen von *Sokrataris* werden vorgestellt, und ihre Bedienung wird erläutert. Das Beispiel führt in die Handhabung von Menüs, Dialogboxen und Fenstern ein, zeigt die Benutzung der kontextbezogenen Hilfe von *Sokrataris* und das Speichern der erarbeiteten Definition als Datensatz und als Textdatei. Dabei wird sowohl die Bedienung mit der Maus als auch die Bedienung mit der Tastatur erläutert.
- Darüber hinaus vermittelt das Beispiel einen Überblick über die inhaltlichen Hilfen, die *Sokrataris* für das Erarbeiten von Definitionen bereitstellt: Es gewährt einen Einblick in die Struktur des Kriterienrasters von *Sokrataris* und zeigt die Verwendung der inhaltsbezogenen Hilfen anhand einer konkreten Aufgabenstellung.

Der Begriff des *Umweltschutzmanagements* scheint heute noch recht unscharf umrissen zu sein. Zwar kann sich fast jeder unter diesem Begriff "etwas vorstellen". Doch spiegeln sich in der betriebswirtschaftlichen Literatur die diesem Begriff beigemessenen unterschiedlichen Bedeutungen:

- *Umweltschutzmanagement* als Bestandteil des Managements der betrieblichen Funktionsbereiche (vgl. Corsten/Götzelmann 1989a, S. 354 - 355, und 1989b, S. 409 - 414),
- *Umweltschutzmanagement* als Risikomanagement (vgl. Hunt/Auster 1990, S. 7 - 16) und
- *Umweltschutzmanagement* als Teilaufgabe bei der Gestaltung der Unternehmenskultur (Seidel/Menn 1988, S. 71 - 82).

Die folgenden Abschnitte führen Schritt für Schritt durch das Beispiel. Den "roten Faden" bildet das Erarbeiten einer Definition des Begriffes *Umweltschutzmanagement* im Dialogmodus »Beantworten von Fragen«; die Bearbeitung der Dialogboxen zu den einzelnen Definitionskriterien wird eingehend erläutert. An geeigneter Stelle werden zusätzlich weitere Funktionen von *Sokrataris* vorgestellt. Nach Durcharbeiten dieses Abschnitts (2.1) kennen Sie viele Funktionen, die Ihnen beim Erarbeiten eigener Definitionen mit *Sokrataris* von Nutzen sein können.

2.1.1 Starten des Programms

Nach dem Einschalten Ihres Personal-Computers wechseln Sie bitte zunächst in das bei der Installation für *Sokrataris* angelegte Verzeichnis, im Regelfall C:\SOKRATA. Zu diesem Zweck geben Sie ein:

CD SOKRATA <Enter>.

In der Eingabezeile erscheint das aktuelle Verzeichnis,

C:\SOKRATA>.

Geben Sie nun bitte den Namen des Programms ein:

SOKRATA <Enter>.

Das Programm wird gestartet. Es erscheint die Dialogbox zu den Urheberrechten.

Wenn Sie auf Ihrem Personal-Computer das Programm *Microsoft Windows* installiert haben, können Sie *Sokrataris* auch unter *Windows* laufen lassen. Bei Monochrom-Monitoren kann das vorteilhaft sein: Den von *Windows* bereitgestellten Graphiktreiber nutzt *Sokrataris*, um eine in Grautönen abgestufte - schöner anzusehende - Benutzeroberfläche darzustellen.

2.1.2 Die Dialogbox zu den Urheberrechten; Anwahl eines Aktionsschalters

Nach dem Start meldet sich *Sokrataris* mit der Dialogbox zu den Urheberrechten (Bild 1).

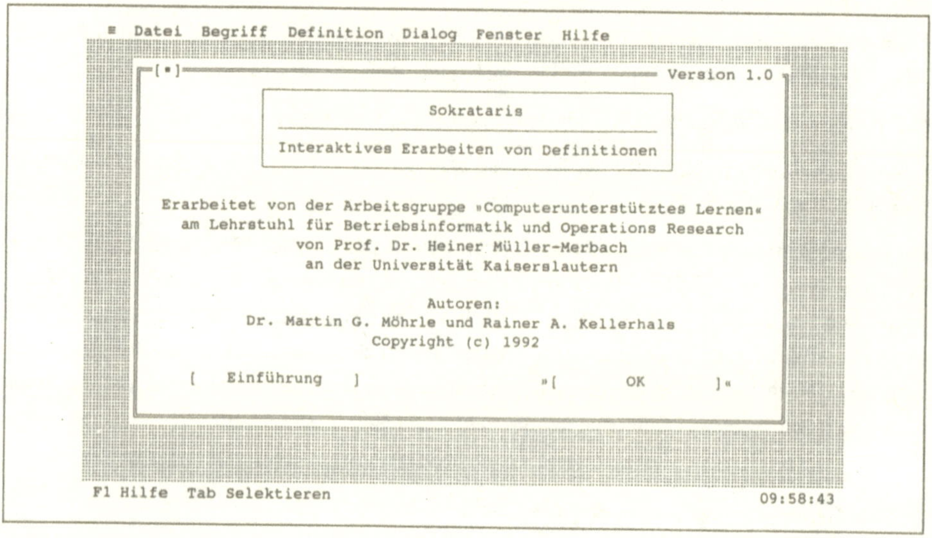

Bild 1: Die Dialogbox zu den Urheberrechten

Diese Dialogbox enthält zwei Aktionsschalter: [Einführung] und [OK]. Nach Anwahl des Aktionsschalters [Einführung] würde die Dialogbox geschlossen und ein einführender Hilfetext eingeblendet werden. Die darin enthaltenen Informationen kennen Sie jedoch bereits aus Kapitel 1 dieses Buches. Daher soll die Dialogbox hier durch Anwahl des Aktionsschalters [OK] lediglich geschlossen werden, ohne den Hilfetext aufzurufen.

<u>Anwahl eines Aktionsschalters</u>

- mit der Maus: Positionieren Sie den Mauszeiger auf den Aktionsschalter [OK] und drücken Sie die linke Maustaste. Im folgenden wird dafür die kürzere Formulierung "Klicken Sie auf den Aktionsschalter [OK]" gebraucht. Die Dialogbox wird geschlossen.

- mit der Tastatur: Der Aktionsschalter [OK] ist voreingestellt; das erkennen Sie an seiner hervorgehobenen Darstellung (unter *DOS* an den Anführungszeichen » und « links und rechts des Aktionsschalters *und* an der in Leuchtschrift dargestellten Beschriftung; unter *Windows* lediglich an der in Leuchtschrift dargestellten Beschriftung). Ist ein Aktionsschalter voreingestellt, genügt das Drücken der Taste <Enter>, um die an diesen Aktionsschalter geknüpfte Aktion auszulösen. Sie müssen also lediglich <Enter> drücken, um die Dialogbox zu schließen.

2.1.3 Menüleiste, Arbeitsfläche und Statuszeile

Bild 2 zeigt den Bildschirminhalt nach Schließen der Dialogbox zu den Urheberrechten. Anhand dieses Bildes seien die Begriffe *Menüleiste, Statuszeile* und *Arbeitsfläche* erklärt:

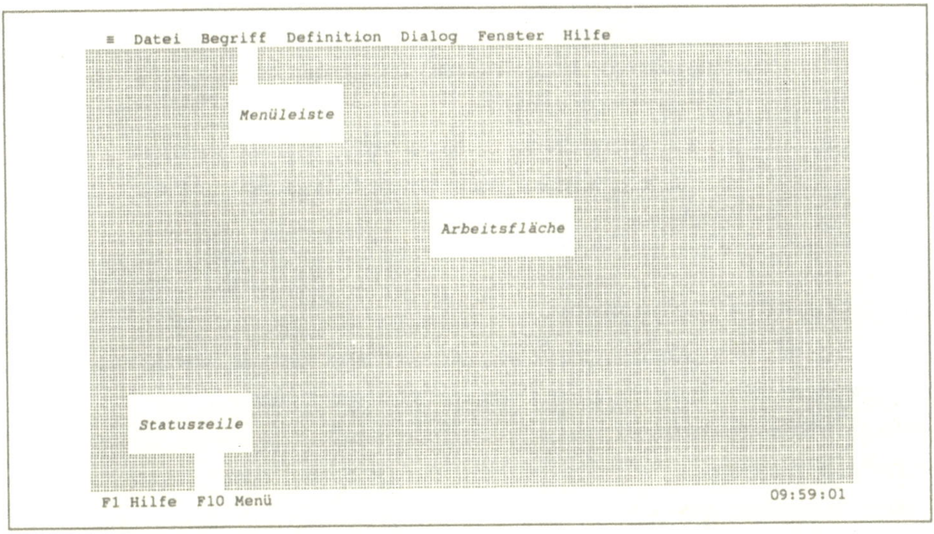

Bild 2: Menüleiste, Statuszeile und Arbeitsfläche

Menüleiste Die Menüleiste ist die Zeile ganz oben auf dem Bildschirm. Sie enthält sieben Menüs:

- Menü »≡«;
- Menü »Datei«;
- Menü »Begriff«;
- Menü »Definition«;
- Menü »Dialog«;
- Menü »Fenster«;
- Menü »Hilfe«.

Sie aktivieren die Menüleiste, indem Sie

- einen Eintrag in der Menüleiste mit der Maus anklicken oder
- die Taste <F10> drücken.

Statuszeile

Die Statuszeile ist die Zeile ganz unten auf dem Bildschirm. In der Statuszeile wird normalerweise die Belegung der Funktionstasten <F1> und <F10> angezeigt:

»F1 Hilfe« Durch Drücken der Taste <F1> können Sie die kontextbezogene Hilfe aufrufen. Näheres dazu in Abschnitt 2.1.7.

»F10 Menü« Durch Drücken der Taste <F10> können Sie die Menüleiste aktivieren.

Wenn Sie ein Menü oder einen Menüpunkt markiert haben, wird in der Statuszeile ein kurzer Hinweis ausgegeben, der die damit verbundene Funktion näher erläutert.

Arbeitsfläche

Die Arbeitsfläche ist die gerasterte Fläche zwischen Menüleiste und Statuszeile. In diesem Bereich erscheinen die Dialogboxen und Fenster, mit denen Sie arbeiten.

2.1.4 Wahl des Dialogmodus

Sokrataris ist ein dialogorientiertes Programm, und Sie können festlegen, wer die Führung des Dialoggesprächs übernehmen soll. Diese Festlegung treffen Sie im Menü »Dialog« (Bild 3). Drei Dialogmodi stehen zur Verfügung:

- »Geführtes Erarbeiten«,
- »Beantworten von Fragen« und
- »Wahlfreies Eingeben«.

In den beiden Dialogmodi »Geführtes Erarbeiten« und »Beantworten von Fragen« übernimmt *Sokrataris* die Gesprächsführung und spielt die Rolle des Fragestellers (eine Rolle, die der griechische Philosoph *Sokrates* auch gerne spielte): *Sokrataris* geht "von oben nach unten" durch das Kriterienraster und stellt Fragen zu allen im Kriterienraster vorgesehenen Definitionskriterien. Die Fragen erscheinen in Dialogboxen, die nacheinander automatisch eingeblendet werden. Ihre Eingaben werden gespeichert. Man könnte das Arbeiten in diesen Dialogmodi auch mit dem Durchblättern eines Fragenkataloges vergleichen. Im Dialogmodus »Wahlfreies Eingeben« überläßt *Sokrataris* dagegen Ihnen die Gesprächsführung: Sie rufen die Dialogboxen zu den gewünschten Definitionskriterien über die Menüs »Begriff« und »Definition« einzeln ab; *Sokrataris* speichert Ihre Eingaben.

Für das Beispiel wird der Dialogmodus »Beantworten von Fragen« verwendet. Um diesen Dialogmodus einzustellen, gehen Sie bitte folgendermaßen vor:

Einstellen des Dialogmodus

- mit der Maus: Klicken Sie den Eintrag »Dialog« in der Menüleiste an. Das Menü klappt herunter. Klicken Sie nun auf den Menüpunkt »Beantworten von Fragen«. Durch diesen ersten Klick wird der Dialogmodus eingestellt: Der Markierungspfeil springt auf den Menüpunkt »Beantworten von Fragen« (Bild 3). Klicken Sie nun noch einmal auf den Menüpunkt »Beantworten von Fragen«. Durch diesen zweiten Mausklick wird das "Durchblättern" des Fragenkataloges gestartet.

- mit der Tastatur: Aktivieren Sie durch Drücken der Taste <F10> die Menüleiste: Der Markierungsbalken erscheint in der Menüleiste. Benutzen Sie die Pfeiltaste <→>, um den Markierungsbalken zu dem Menü »Dialogmodus« zu verschieben. Anschließend können Sie das Menü durch Drücken der Pfeiltaste <↓> herunterklappen lassen und durch nochmaliges Drücken von <↓> den Menüpunkt »Beantworten von Fragen« markieren. Nun drücken Sie die Taste <Enter>, um den Dialogmodus einzustellen: Der Markierungspfeil springt auf den Menüpunkt »Beantworten von Fragen« (Bild 3). Durch einen weiteren Druck auf <Enter> wird das "Durchblättern" des Fragenkataloges gestartet.

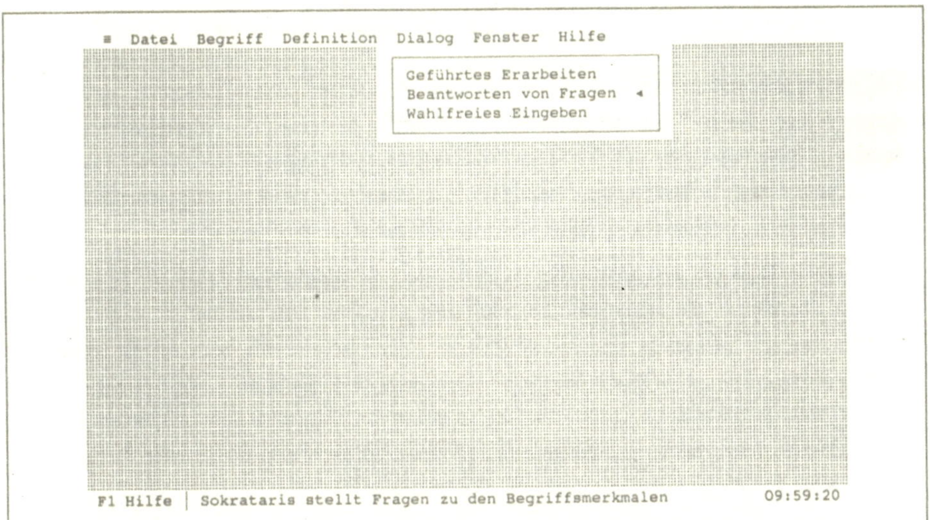

Bild 3: Das Menü »Dialog« nach Einstellen des Dialogmodus »Beantworten von Fragen«

Nach dem zweiten Mausklick bzw. dem zweiten Drücken von <Enter> wird die Dialogbox eingeblendet, die den Dialogmodus »Beantworten von Fragen« eröffnet (Bild 4).

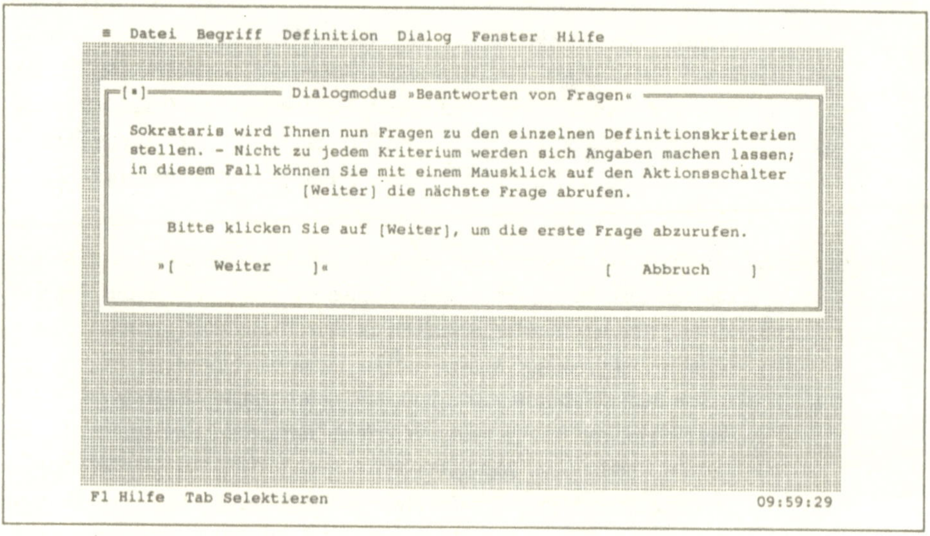

Bild 4: Die Eröffnungs-Dialogbox zum Dialogmodus »Beantworten von Fragen«

Diese Dialogbox enthält einen wichtigen Hinweis: "Nicht zu jedem Kriterium werden sich Angaben machen lassen." Das bedeutet: Nicht jede der in den folgenden Dialogboxen gestellten Fragen wird sich mit Bezug auf den Begriff *Umweltschutzmanagement* beantworten lassen. Der Versuch, jede Frage zu beantworten, würde bald zu Überdruß führen. Fällt Ihnen nach einigem Nachdenken keine Antwort ein, so fahren Sie bitte mit der nächsten Frage fort.

Dazu noch ein Hinweis: Die zahlreichen Fragen sollen die Möglichkeit eröffnen, eine Auswahl zu treffen. Sie können diejenigen Definitionskriterien auswählen, die zur Definition des in Frage stehenden Begriffs besonders geeignet erscheinen. Dabei können Sie sich auf ein oder zwei Kriterien beschränken; so erhalten Sie eine knappe, prägnante Definition. Wollen Sie hingegen möglichst viele Aspekte des Begriffs erhellen, so geben die Fragen zu den zahlreichen Kriterien Denkanstöße in verschiedene Richtungen. Sie können also auch eine umfassende Definition erarbeiten, ähnlich den Stichwortaufsätzen, die man in Lexika findet.

Bitte wählen Sie den voreingestellten Aktionsschalter [Weiter] an, um die erste Dialogbox abzurufen (zur Anwahl mit Maus oder Tastatur siehe die Hinweise in Abschnitt 2.1.2).

2.1.5 Bearbeiten der Dialogbox »Zu definierender Begriff«; Weiterblättern im Fragenkatalog

In der ersten Dialogbox »Zu definierender Begriff« ist der in Frage stehende Begriff zu nennen; außerdem werden einige grammatikalische Hinweise erfragt. Insgesamt enthält die Dialogbox vier Felder:

- Ein Eingabefeld für maximal 255 Zeichen, das zur Frage »Welchen Begriff möchten Sie definieren?« gehört.
- Drei Schaltfelder, die sich auf die grammatikalischen Angaben beziehen: »Zahl«, »Grammatisches Geschlecht« und »Art des Artikels«.

Bei Erscheinen der Dialogbox ist das Eingabefeld zur Frage »Welchen Begriff möchten Sie definieren?« selektiert.

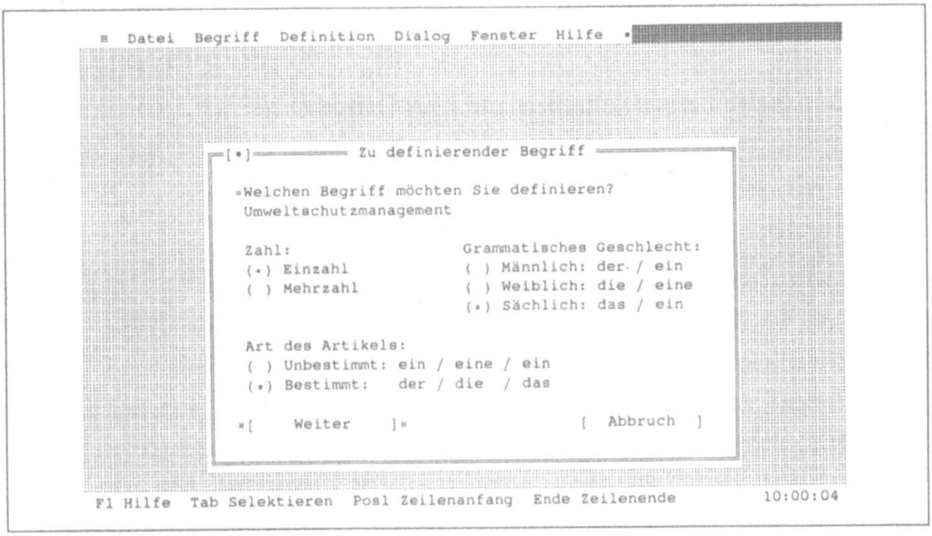

Bild 5: Die Dialogbox »Zu definierender Begriff«; Eingabe: "Umweltschutzmanagement"; Einzahl; sächlich; bestimmter Artikel

Bearbeiten der Dialogbox

- mit der Maus: Bitte geben Sie das Wort *Umweltschutzmanagement* in das Eingabefeld ein. Anschließend können Sie das Feld, das Sie als nächstes bearbeiten möchten, durch Anklicken mit der Maus selektieren. Die zutreffende Ausprägung in den Schaltfeldern wählen Sie ebenfalls durch Mausklick.

  Bitte schließen Sie die Eingabe durch Mausklick auf den Aktionsschalter [Weiter] ab.

- mit der Tastatur: Bitte geben Sie das Wort *Umweltschutzmanagement* in das Eingabefeld ein. Durch Drücken der Taste <Tab> (auf der Tastatur links neben dem Buchstaben "Q") können Sie das jeweils nächste Feld selektieren. Den zutreffenden Eintrag in den drei Schaltfeldern wählen Sie mit den Pfeiltasten < ↑ > und < ↓ > oder mittels eines der hervorgehobenen Buchstaben.

  Alle Felder in dieser Dialogbox und die drei Aktionsschalter [Weiter], [Zurück] und [Abbruch] sind ringförmig verkettet. Mit <Tab> selektieren Sie das jeweils nächste Glied in dieser Kette, also das jeweils nächste Feld bzw. den nächsten Aktionsschalter; durch gleichzeitiges Drücken von <Shift>-<Tab> selektieren Sie das vorangehende Glied.

  Bitte schließen Sie die Eingabe durch Selektieren des Aktionsschalters [Weiter] und Drücken der Taste <Enter> ab.

2.1.6 Bearbeiten der Dialogbox »konkret/abstrakt«

Nach Anwahl des Aktionsschalters [Weiter] in der ersten Dialogbox wird automatisch die zweite Dialogbox »konkret/abstrakt« abgerufen (Bild 6).

In dieser Dialogbox ist anzugeben, ob der zu definierende Begriff

- konkret ist, d.h. sich auf ein physisches Objekt bezieht, oder
- abstrakt ist, d.h. sich auf ein nicht-physisches Objekt bezieht.

Einige Erläuterungen zu dieser Unterscheidung (vgl. dazu Brugger 1976, S. 1 - 2 und S. 201):

Als *konkret* seien hier nur solche Begriffe angesehen, die sich auf dingliche Objekte beziehen. Diese Begriffe sind der unmittelbaren äußeren Anschauung zugänglich, d.h. der Mensch kann die in ihnen erfaßten Objekte mit einem seiner Sinnesorgane wahrnehmen, also sehen, hören, ertasten, riechen, schmecken usw. In diesem Sinne *konkret* sind Begriffe wie *Unterpulverschweißen, Hubkolbenmotor* und *Montagefließband,* aber auch Begriffe wie *Ion, Molekül* und *Gitterbaufehler,* in denen Objekte erfaßt sind, die der menschlichen Wahrnehmung nur unter Zuhilfenahme technischer Hilfsmittel zugänglich sind oder grundsätzlich sein könnten.

Als *abstrakt* seien hier hingegen alle Begriffe bezeichnet, die sich auf nicht dingliche Objekte beziehen. Diese Begriffe sind daher nicht der unmittelbaren äußeren Anschauung zugänglich. Die meisten Begriffe der Wirtschaftswissenschaften sind abstrakte Begriffe. Sie umfassen Vorstellungen, die der Mensch kraft seines Verstandes bzw. seiner Vernunft entwickelt hat (wie: *Außenhandelsgleichgewicht, limitationale Faktoreinsatzbeziehung, Lohmann-Ruchti-Effekt* und *Liquidität)* oder Empfindungen (wie: *Sympathie, Zufriedenheit).*

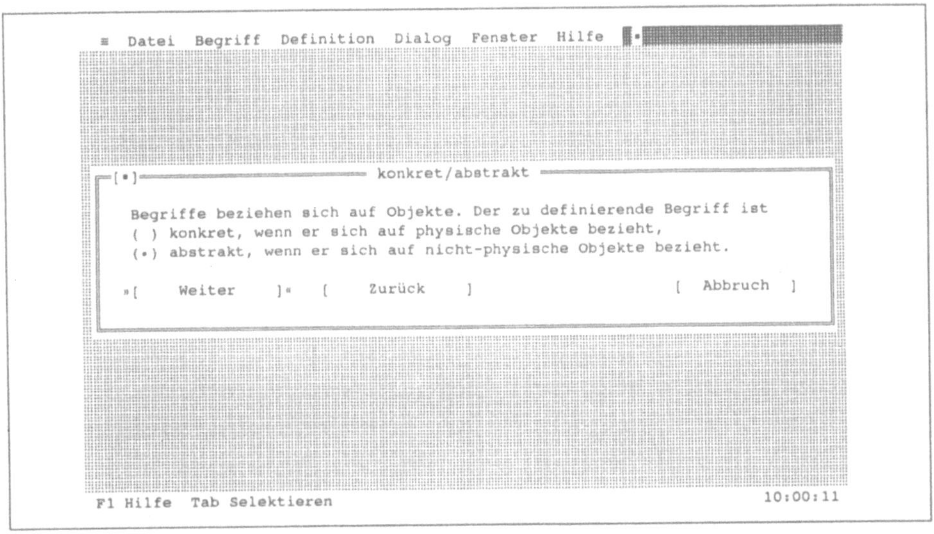

Bild 6: Dialogbox »konkret/abstrakt«; Eingabe: abstrakt

Bei dem Begriff *Umweltschutzmanagement* handelt es sich um einen in diesem Sinne abstrakten Begriff.

<u>Bearbeiten der Dialogbox »konkret/abstrakt«</u>

- mit der Maus: Sie können die zutreffende Ausprägung im Schaltfeld durch Mausklick wählen. Im Beispiel können Sie darauf auch verzichten, da beim Öffnen der Dialogbox die Ausprägung »abstrakt« bereits voreingestellt ist.

  Bitte schließen Sie die Eingabe durch Mausklick auf den Aktionsschalter [Weiter] ab.

- mit der Tastatur: Beim Öffnen dieser Dialogbox ist das darin enthaltene Schaltfeld selektiert. Im Schaltfeld können Sie die zutreffende Ausprägung mit den Pfeiltasten <↑> und <↓> oder mittels eines der hervorgehobenen Buchstaben wählen. Im Beispiel können Sie darauf auch verzichten, da beim Öffnen der Dialogbox die Ausprägung »abstrakt« bereits voreingestellt ist.

  Bitte schließen Sie die Eingabe ab, indem Sie den Aktionsschalter [Weiter] mit Hilfe der Taste <Tab> selektieren und anschließend die Taste <Enter> drücken.

2.1.7 Bearbeiten der Dialogbox »Kontext«; Aufrufen eines Hilfetexts

Die dritte Dialogbox enthält die Frage »In welchem Kontext (Bedeutungszusammenhang) gilt diese Definition?« Bild 7 zeigt diese Dialogbox.

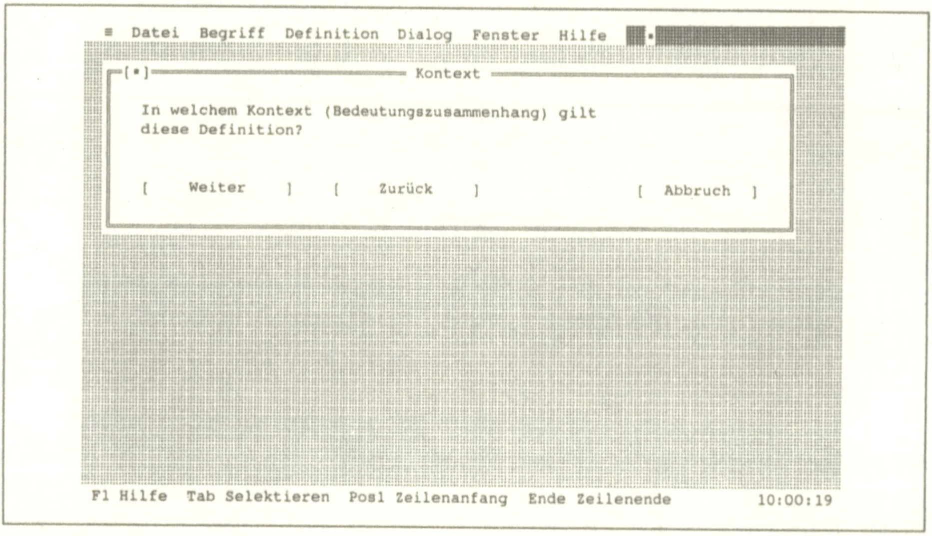

Bild 7: Die Dialogbox »Kontext«

Möglicherweise ist Ihnen diese Frage nicht unmittelbar verständlich: Für diesen Fall bietet *Sokrataris* die kontextbezogene Hilfe. "Kontextbezogen" nennt man diese Hilfe, weil sie auf Abruf denjenigen Hilfetext zeigt, der die gegenwärtig verwendete Funktion bzw. die gegenwärtig bearbeitete Dialogbox erläutert. Mühevolles Suchen nach dem "richtigen" Hilfetext ist also nicht erforderlich.

Aufrufen des kontextbezogenen Hilfetextes

- mit der Maus: Klicken Sie den Eintrag »F1 Hilfe« in der Statuszeile an. Das Hilfetextfenster öffnet sich in der Mitte der Arbeitsfläche.

- mit der Tastatur: Drücken Sie die Taste <F1>. Das Hilfetextfenster öffnet sich in der Mitte der Arbeitsfläche.

Bild 8 zeigt das über der Dialogbox eingeblendete Hilfetextfenster.

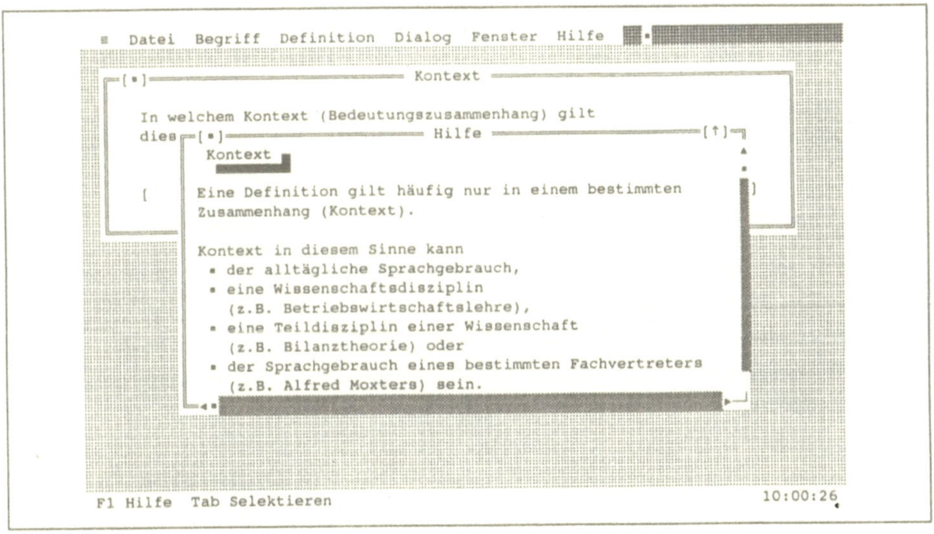

Bild 8: Das Hilfetextfenster; der Hilfetext zur Dialogbox »Kontext«

Um den gegenwärtig nicht sichtbaren Teil des Hilfetextes zu betrachten, können Sie den Text im Hilfetextfenster "rollen".

<u>Rollen des Textes im Hilfetextfenster</u>

- mit der Maus: Am rechten und am unteren Rand wird das Hilfetextfenster von einem vertikalen und einem horizontalen Rollbalken umrahmt. Klicken Sie auf eines der Pfeilsymbole in dem vertikalen bzw. horizontalen Rollbalken: Der Text wird schrittweise in die gewünschte Richtung gerollt.
  Wenn Sie den Hilfetext in größeren Sprüngen rollen möchten, können Sie auch in den Bereich oberhalb oder unterhalb (bzw. rechts oder links) des Positionssymbols (-) im vertikalen bzw. horizontalen Rollbalken klicken: Der Text wird in größeren Sprüngen gerollt.
- mit der Tastatur: Sie können den Text wie üblich mit den Pfeiltasten <→>, <←>, <↑>, <↓> schrittweise nach rechts, links, oben und unten rollen.
  Sie können auch die Tasten <Bild ↑> und <Bild ↓> benutzen: Der Text wird um die im Fenster enthaltene Zeilenzahl nach oben bzw. unten gerollt.

Wie alle Hilfetexte zu den Definitionskriterien gibt dieser Hilfetext zwei Arten von Anregungen:

- Das Definitionskriterium wird näher erläutert.
- Es werden Beispiele genannt, die die Verwendung des Definitionskriteriums verdeutlichen.

Nachdem Sie den Hilfetext gelesen haben, ist das Hilfetextfenster zu schließen, um die Dialogbox »Kontext« weiter bearbeiten zu können.

Schließen des Hilfetextfensters

- mit der Maus: Klicken Sie auf das Schließsymbol ([▪]) oben links im Rahmen des Hilfetextfensters. Das Fenster wird geschlossen.
- mit der Tastatur: Drücken Sie die Taste <Esc>. Das Fenster wird geschlossen.

Im Hilfetext wird darauf hingewiesen, daß Definitionen häufig im Kontext einer bestimmten Wissenschaftsdiszplin gelten. Das ist auch in diesem Beispiel der Fall: Die *Betriebswirtschaftslehre* ist der Kontext, in dem die zu erarbeitende Definition des Begriffes *Umweltschutzmanagement* gelten soll. Bitte geben Sie dieses Wort in das Eingabefeld in der Dialogbox »Kontext« ein. Bild 9 zeigt die Dialogbox nach Eingabe des Wortes.

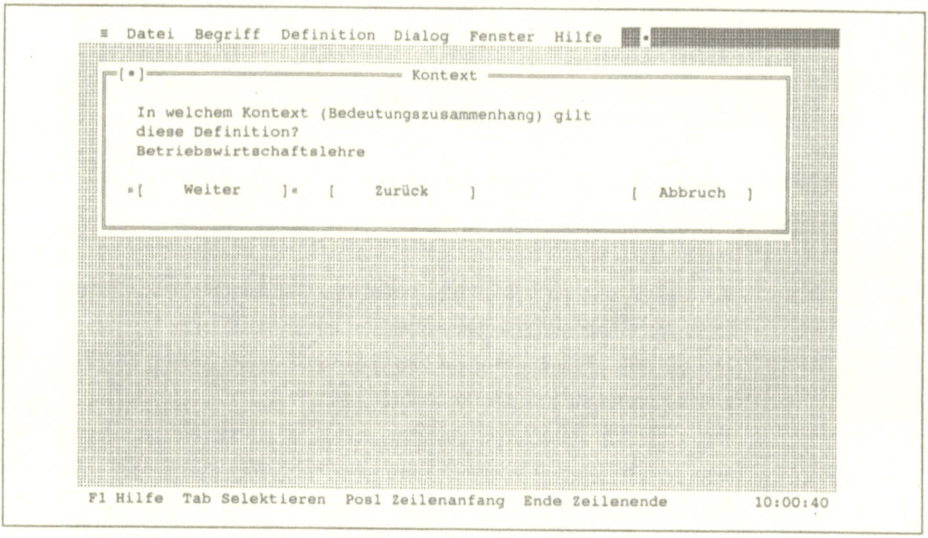

Bild 9: Die Dialogbox »Kontext«; Eingabe "Betriebswirtschaftslehre"

Rufen Sie nun bitte die nächste Dialogbox ab, indem Sie den Aktionsschalter [Weiter] anwählen.

2.1.8 Bearbeiten der Dialogbox »Stichwort«

Nun ist bereits die vierte Dialogbox auf der Arbeitsfläche erschienen: Die Dialogbox »Stichwort« (Bild 10). Hier können Sie ein zusätzliches Stichwort eingeben: Wurde die gegenwärtig bearbeitete Definition der Literatur entnommen, so können hier bibliographische Angaben eingegeben werden. Da es sich bei dem Beispiel jedoch nicht um eine der Literatur entnommene Definition handelt, können Sie hier beispielsweise die Worte "Eigener Entwurf" eingeben.

Für eine eingehendere Erläuterung zu der in dieser Dialogbox gestellten Frage benutzen Sie bitte die kontextbezogene Hilfe, wie in Abschnitt 2.1.7 beschrieben.

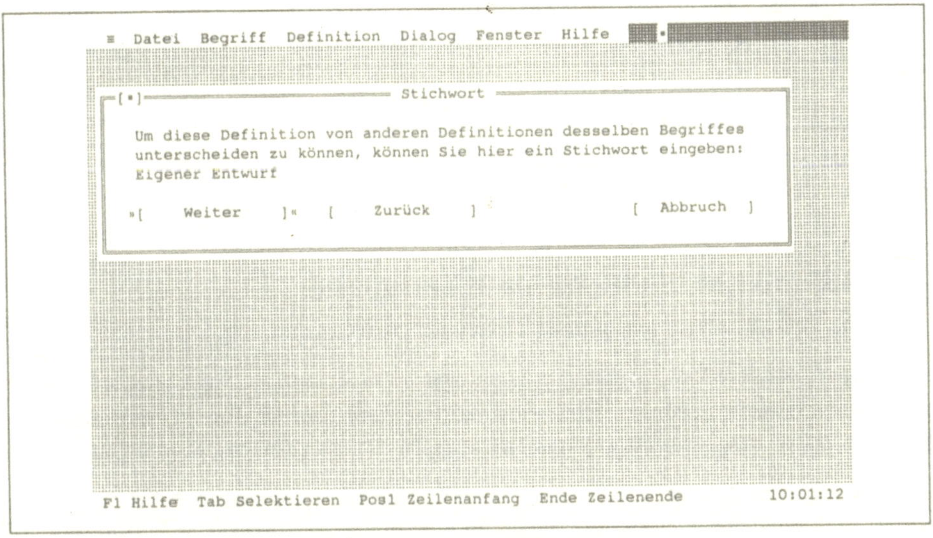

Bild 10: Die Dialogbox »Stichwort«; Eingabe "Eigener Entwurf"

2.1.9 Näheres zur Statuszeile

Bevor mit der Bearbeitung des Fragenkataloges fortgefahren wird, sei auf zwei Eigenschaften der Statuszeile von *Sokrataris* hingewiesen:

- Die Statuszeile von *Sokrataris* ist dynamisch: Sie wird ständig aktualisiert, um Sie bei dem Arbeitsschritt zu unterstützen, den Sie gerade ausführen. Gegenwärtig bearbeiten Sie die Dialogbox »Stichwort«, in die Text einzugeben ist. Daher werden in der Statuszeile neben den Tastaturbelegungen »F1 Hilfe« und »Tab Selektieren«, die Sie bereits benutzt haben, auch die Tastaturbelegungen »Pos1 Zeilenanfang« und »Ende Zeilenende« angezeigt. Mit diesen Tasten, <Pos1> und <Ende>, können Sie den Cursor rasch auf den Zeilenanfang bzw. das Zeilenende positionieren.
- Die Einträge in der Statuszeile reagieren auf Mausklick: Durch Anklicken der Einträge in der Statuszeile können Sie dieselbe Aktion wie durch Drücken der darin angegebenen Taste auslösen. Insofern gleichen die Einträge in der Statuszeile den Aktionsschaltern in den Dialogboxen.

2.1.10 Anzeige der Position im Fragenkatalog

Rechts oben in der Menüleiste erscheint in den Dialogmodi »Geführtes Erarbeiten« und »Beantworten von Fragen« ein gerasterter Balken, der ein Positionssymbol (▪) (Bild 10) enthält. Die Länge des Balkens steht für den Umfang des Fragenkataloges; das Positionssymbol zeigt die gegenwärtige Position innerhalb des Fragenkataloges. Da es sich bei der Dialogbox »Stichwort« um die vierte Dialogbox handelt, steht das Positionssymbol in Bild 10 an der vierten Stelle von links.

Bitte rufen Sie jetzt die (übernächste) Dialogbox »Übersetzung« ab, indem Sie in der Dialogbox »Stichwort« und in der folgenden Dialogbox »Wortherkunft« jeweils den Aktionsschalter [Weiter] anwählen.

2.1.11 Bearbeiten der Dialogbox »Übersetzung«

Bild 11 zeigt die nun auf der Arbeitsfläche erschienene Dialogbox »Übersetzung«.

Der Begriff *Umweltschutzmanagement* existiert auch in verschiedenen Fremdsprachen. In der Dialogbox »Übersetzung« können Sie fremdsprachliche Ausdrücke für diesen Begriff eingeben. Häufig zeigen Übersetzungen Façetten eines Begriffes auf, die im Deutschen nicht bekannt sind.

Die Übersetzungen des Ausdrucks *Umweltschutzmanagement* in die englische und die französische Sprache sind *environmental management* und *management de la sauvegard de l'environnement* (Bild 11).

Die Länge des einzugebenden Textes überschreitet hier die Länge des Eingabefeldes. Wie Sie bei der Eingabe bemerken, "rollt" der Text automatisch durch das Textfenster. Dabei erscheint am linken Rand des Eingabefeldes ein Pfeilsymbol: Es weist darauf hin, daß nur ein Teil des gesamten Textes sichtbar ist. Außerdem zeigt das Pfeilsymbol an, daß der Text durch das Eingabefeld gerollt werden kann:

<u>Rollen des Textes durch das einzeilige Eingabefeld</u>

- mit der Maus: Nachdem Sie den Text eingegeben haben, klicken Sie auf das Pfeilsymbol am linken bzw. rechten Rand des Eingabefeldes. Der Text "rollt" durch das Eingabefeld.

- mit der Tastatur: Nachdem Sie den Text eingegeben haben, "rollen" Sie ihn mit Hilfe der Pfeiltasten <→> und <←> durch das Eingabefeld.

Bitte rufen Sie nun die nächste Dialogbox ab, indem Sie wie gewohnt den Aktionsschalter [Weiter] anwählen.

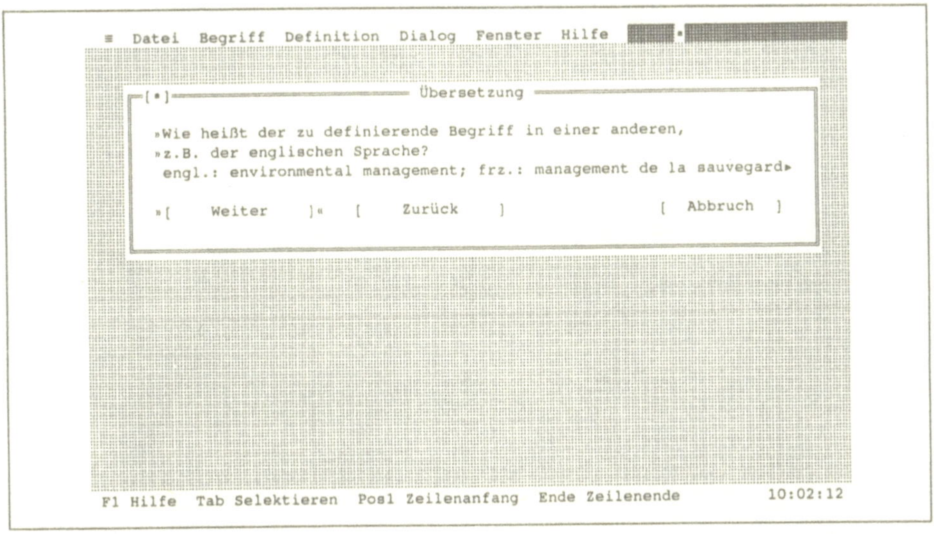

Bild 11: Die Dialogbox »Übersetzung«; Eingabe "engl.: environmental management; frz.: management de la sauvegard de l'environnement"

2.1.12 Bearbeiten der Dialogbox »Oberbegriffe«; Benutzen der Querverweise in den Hilfetexten

In den bisher bearbeiteten Dialogboxen wurde der zu definierende Begriff benannt und unter sprachlichen Gesichtspunkten betrachtet. Nun folgen Dialogboxen, in denen Fragen zur inhaltlichen Bestimmung des Begriffs gestellt werden.

Die gegenwärtig auf der Arbeitsfläche sichtbare Dialogbox enthält die Frage zum ersten Definitionskriterium, »Oberbegriffe« (Bild 12). Dieses erste Definitionskriterium ist besonders wichtig: Die Nennung eines oder mehrerer Oberbegriffe des zu definierenden Begriffs ist Kernbestandteil vieler Definitionen, insbesondere der sogenannten Realdefinitionen. Bei dieser Art von Definition wird der zu definierende Begriff zunächst einem allgemeineren Oberbegriff untergeordnet; im weiteren wird der Begriff dann anhand zusätzlicher Merkmale näher bestimmt. Auch in dem hier betrachteten Beispiel bildet die Nennung eines Oberbegriffs den Kernbestandteil der Definition.

Neben Begriffen, die dem zu definierenden Begriff übergeordnet sind, lassen sich oft Begriffe finden, die ihm neben- bzw. untergeordnet sind: Mit den Definitionskriterien »Oberbegriffe«, »Unterbegriffe« und »Nebenbegriffe« kann um den zu definierenden Begriff eine Begriffspyramide aufgebaut werden; sie bilden die gleichnamige Kriteriengruppe »Begriffspyramide«.

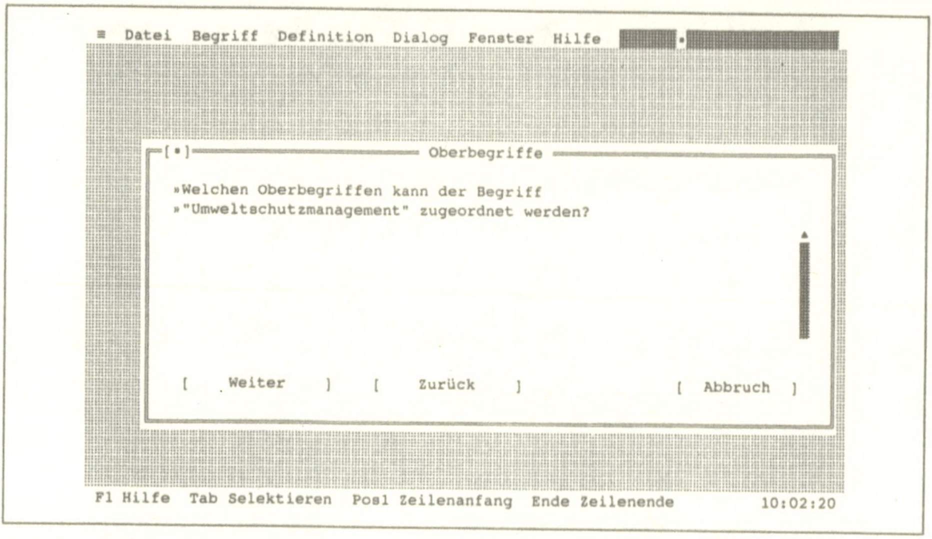

Bild 12: Die Dialogbox »Oberbegriffe«

In diesem Zusammenhang ist eine weitere Funktion des Hilfesystems von *Sokrataris* von Nutzen, die Querverweise in den Hilfetexten. Man kann mittels dieser Querverweise beispielsweise einen Hilfetext aufrufen, der einen Überblick über die Kriteriengruppe »Begriffspyramide« vermittelt:

<u>Benutzen von Querverweisen im Hilfetext</u>

- mit der Maus: Klicken Sie in der Statuszeile auf den Eintrag »F1 Hilfe«. Das Hilfetextfenster mit dem Hilfetext zum Definitionskriterium »Oberbegriffe« öffnet sich in der Mitte der Arbeitsfläche (Bild 13).

  "Rollen" Sie den Text nun durch Anklicken des Pfeilsymbols im vertikalen Rollbalken des Hilfetextfensters nach unten, bis das Ende des Hilfetextes erreicht ist (Bild 14). Unter der Überschrift "Querverweise:" finden Sie dort mehrere hervorgehobene Stichwörter. Zwei davon sind unter "Überblick" zusammengefaßt: ·Die Stichwörter "↑ Begriff" und "↑ Begriffspyramide". Der Hilfetext zu ersterem enthält Grundlegendes zum erkenntnistheoretischen Terminus "Begriff". Hier ist der Hilfetext zum Stichwort "↑ Begriffspyramide" von Interesse: Er vermittelt einen Überblick über die Kriteriengruppe »Begriffspyramide«.

  Klicken Sie den Querverweis "↑ Begriffspyramide" mit der linken Maustaste zweimal rasch hintereinander an (Doppelklick auf "↑ Begriffspyramide"). Der mit diesem Stichwort verbundene Hilfetext "Definition|Begriffspyramide" erscheint im Hilfetextfenster (Bild 15).

Wenn Sie nach Studium dieses Hilfetextes wieder den ursprünglichen Hilfetext ansehen möchten, können Sie auf die gleiche Weise "zurückspringen": Am Ende des Hilfetextes "Definition|Begriffspyramide" finden sich ebenfalls mehrere hervorgehobene Stichwörter, darunter auch das Stichwort "↑ Oberbegriffe". Doppelklick auf "↑ Oberbegriffe" läßt wieder den ursprünglichen Hilfetext im Hilfetextfenster erscheinen.

- mit der Tastatur: Drücken Sie die Taste <F1>. Das Hilfetextfenster mit dem Hilfetext zum Definitionskriterium »Oberbegriffe« öffnet sich in der Mitte der Arbeitsfläche (Bild 13).

Rollen Sie den Text nun durch Drücken der Taste <Bild ↓> nach unten, bis das Ende des Hilfetextes erreicht ist (Bild 14). Unter der Überschrift "Querverweise:" finden Sie dort mehrere hervorgehobene Stichwörter. Zwei davon sind unter "Überblick" zusammengefaßt: Die Stichwörter "↑ Begriff" und "↑ Begriffspyramide". Der Hilfetext zu ersterem enthält Grundlegendes zum erkenntnistheoretischen Terminus "Begriff". Hier ist der Hilfetext zum Stichwort "↑ Begriffspyramide" von Interesse: Er vermittelt einen Überblick über die Kriteriengruppe »Begriffspyramide«. Benutzen Sie die Taste <Tab>, um das Stichwort "↑ Begriffspyramide" zu selektieren; danach drücken Sie die Taste <Enter>. Der Hilfetext "Definition|Begriffspyramide" erscheint im Hilfetextfenster (Bild 15).

Wenn Sie nach Studium dieses Hilfetextes wieder den ursprünglichen Hilfetext ansehen möchten, können Sie auf die gleiche Weise "zurückspringen": Am Ende des Hilfetextes "Definition|Begriffspyramide" finden sich ebenfalls mehrere hervorgehobene Stichwörter, darunter auch das Stichwort "↑ Oberbegriffe". Selektieren dieses Stichwortes mit Hilfe der <Tab>-Taste und anschließendes Drücken der <Enter>-Taste läßt wieder den ursprünglichen Hilfetext im Hilfetextfenster erscheinen.

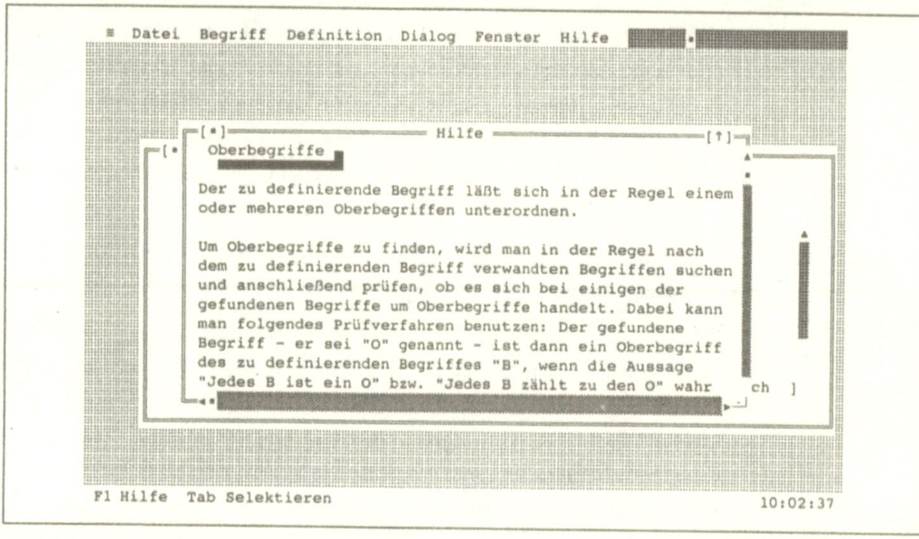

Bild 13: Das Hilfetextfenster mit dem Hilfetext zum Definitionskriterium »Oberbegriffe«; im Hilfetextfenster ist der Anfang des Hilfetextes zu sehen

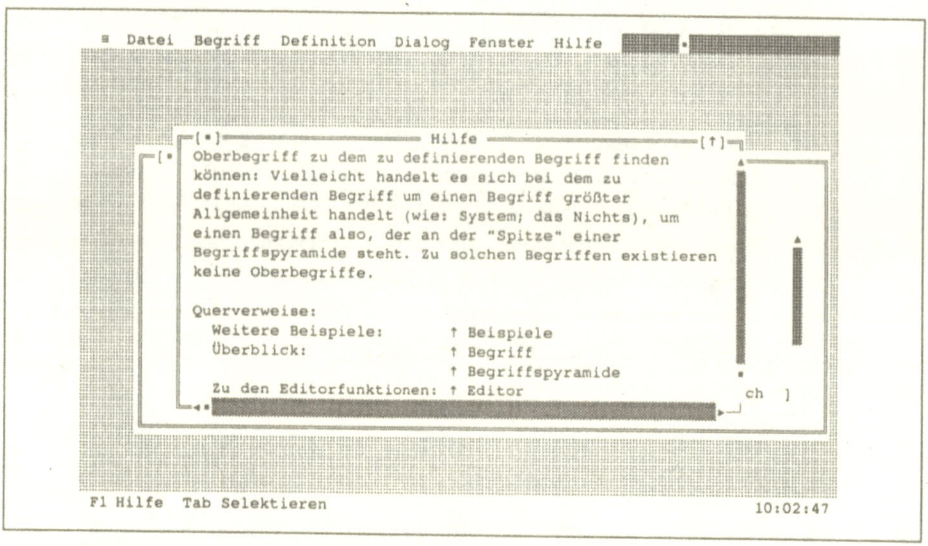

Bild 14: Das Hilfetextfenster mit dem Hilfetext zum Definitionskriterium »Oberbegriffe«; im Hilfetextfenster ist das Ende des Hilfetextes zu sehen

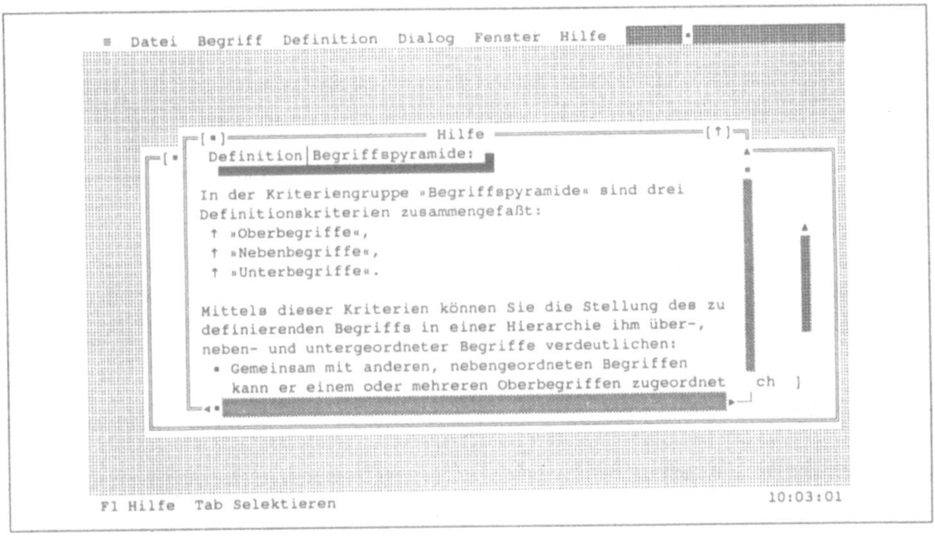

Bild 15: Das Hilfetextfenster mit dem Hilfetext "Definition | Begriffspyramide"

Nun zurück zum Beispiel: Das *Umweltschutzmanagement* ist ein Managementgebiet, das eine bestimmte betriebliche Funktion zum Gegenstand hat - den Umweltschutz. Im Gegensatz zu den "klassischen" betrieblichen Funktionen wie Beschaffung, Produktion und Absatz, die von spezialisierten Organisationseinheiten des Betriebes erfüllt werden, existiert für den Umweltschutz in der Regel keine eigene Organisationseinheit. Vielmehr muß die Funktion "Umweltschutz" von allen betrieblichen Organisationseinheiten gemeinsam wahrgenommen werden; sie ist integraler Bestandteil aller betrieblichen Funktionen. Umweltschutzaspekte spielen sowohl bei der Beschaffung als auch bei der Produktion und dem Absatz eine Rolle. Der Umweltschutz ist daher als eine betriebliche Querschnittsfunktion anzusehen. Als Oberbegriff zu *Umweltschutzmanagement* sei daher *Management einer betrieblichen Querschnittsfunktion* vorgeschlagen (Bild 16).

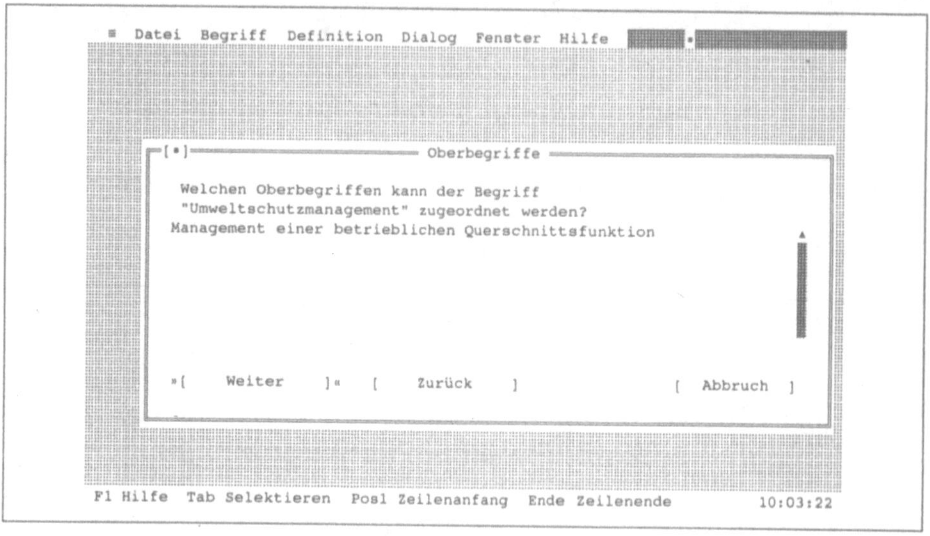

Bild 16. Die Dialogbox »Oberbegriffe«, Eingabe "Management einer betrieblichen Querschnittsfunktion

Bitte rufen Sie nach Abschluß der Eingabe durch Anwahl des Aktionsschalters [Weiter] wie gewohnt die nächste Dialogbox ab.

2.1.13 Bearbeiten der Dialogbox »Nebenbegriffe«; Zurückblättern im Fragenkatalog

In der nun erschienenen Dialogbox wird nach den Nebenbegriffen des Begriffes *Umweltschutzmanagement* gefragt. Diese Nebenbegriffe sollen aus denselben Oberbegriffen wie der zu definierende Begriff abgeleitet werden können.

Die in dieser Dialogbox gestellte Frage nimmt auf die in der vorangegangenen Dialogbox eingegebenen Oberbegriffe Bezug. Nun haben Sie sicherlich noch die Eingabe in der letzten Dialogbox in Erinnerung. Oft ist es jedoch hilfreich, sich die Eingaben in vorangegangenen Dialogboxen ins Gedächtnis zurückzurufen. Deshalb besteht in den Dialogmodi »Geführtes Erarbeiten« und »Beantworten von Fragen« die Möglichkeit, vorangegangene Dialogboxen nochmals abzurufen, gleichsam im Fragenkatalog zurückzublättern:

<u>Aufrufen der vorangegangenen Dialogbox</u>

- mit der Maus: Klicken Sie auf den Aktionsschalter [Zurück] (Bild 17). Die Dialogbox zum zuletzt bearbeiteten Definitionskriterium »Oberbegriffe« erscheint.

Sie gelangen zur Dialogbox »Nebenbegriffe« zurück, indem Sie in der Dialogbox »Oberbegriffe« den Aktionsschalter [Weiter] anklicken. Die Dialogbox »Nebenbegriffe« erscheint wieder.

- mit der Tastatur: Drücken Sie zweimal die Taste <Tab>, um den Aktionsschalter [Zurück] zu selektieren (Bild 17). Nach Drücken der Taste <Enter> erscheint die Dialogbox zum zuletzt bearbeiteten Definitionskriterium »Oberbegriffe«.

Sie gelangen zur Dialogbox »Nebenbegriffe« zurück, indem Sie in der Dialogbox »Oberbegriffe« den Aktionsschalter [Weiter] durch Drücken der Taste <Tab> selektieren und anschließend <Enter> drücken. Die Dialogbox »Nebenbegriffe« erscheint wieder.

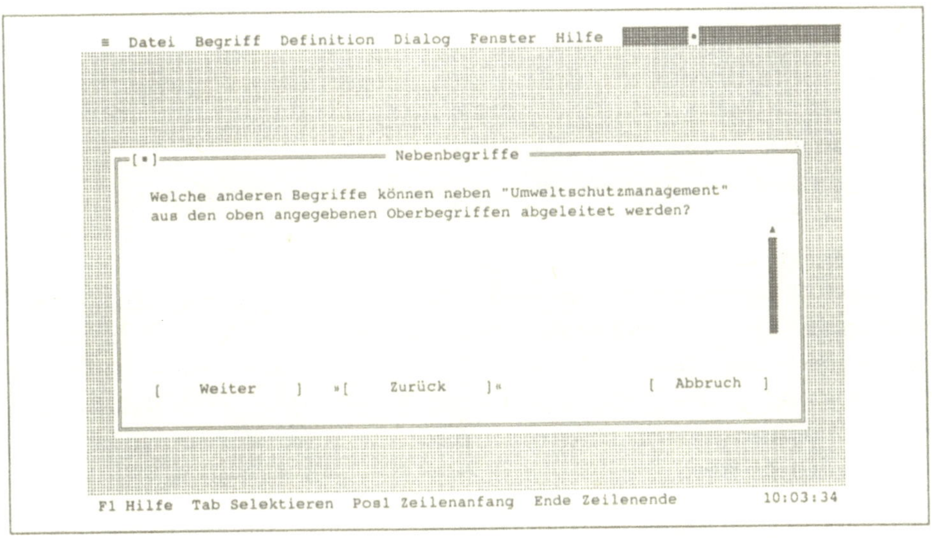

Bild 17: Dialogbox »Nebenbegriffe«; der Aktionsschalter [Zurück] ist selektiert

Die anzugebenden Nebenbegriffe sollen sich ebenso wie der Begriff *Umweltschutzmanagement* dem Oberbegriff *Management einer betrieblichen Querschnittsfunktion* unterordnen lassen. Das trifft beispielsweise auf den Begriff *Qualitätsmanagement* zu: Auch die Qualitätssicherung erfordert Maßnahmen von allen betrieblichen Organisationseinheiten und deren Koordination über die Grenzen der Organisationseinheiten hinweg. Bitte geben Sie daher das Wort *Qualitätsmanagement* in das Eingabefeld der Dialogbox »Nebenbegriffe« ein.

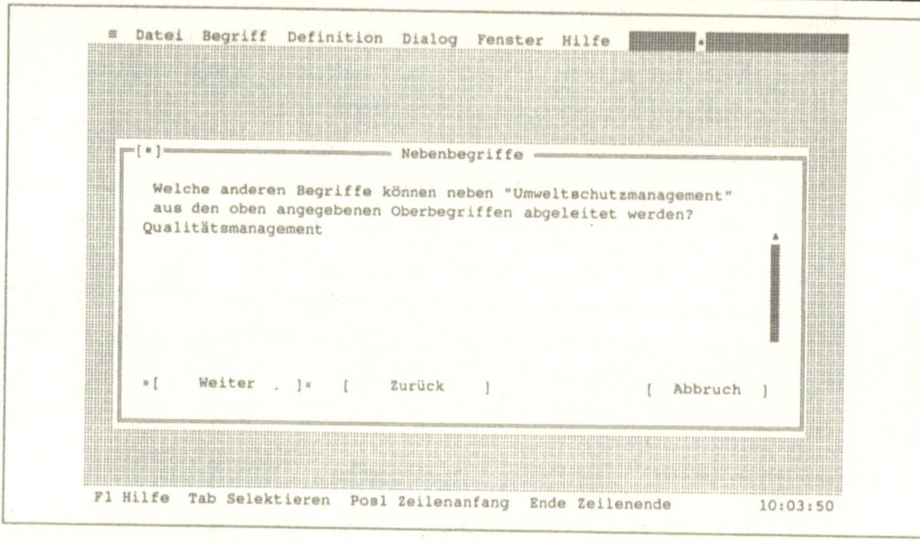

Bild 18: Dialogbox »Nebenbegriffe«; Eingabe: "Qualitätsmanagement"

Rufen Sie nun durch Anwahl des Aktionsschalters [Weiter] die Dialogbox zum nächsten Definitionskriterium »Unterbegriffe« ab. Auf Angaben zu diesem Kriterium sei hier verzichtet. Wählen Sie bitte auch in der Dialogbox »Unterbegriffe« den Aktionsschalter [Weiter] an. Es erscheint die Dialogbox zum Definitionskriterium »Gestalt«. Zu diesem Kriterium lassen sich nur bei konkreten, d.h. auf physische Objekte bezogenen Begriffen sinnvolle Angaben machen. Daher werden in diesem Beispiel auch zu diesem Kriterium keine Angaben gemacht. Bitte wählen Sie auch in der Dialogbox »Gestalt« den Aktionsschalter [Weiter] an, um die Dialogbox zum nächsten Definitionskriterium, »Zwecke«, abzurufen. Zu diesem Kriterium sollen wieder Angaben gemacht werden.

2.1.14 Bearbeiten der Dialogbox »Zwecke«; das Glossar der Hilfetexte; der Texteditor von *Sokrataris*

Das *Umweltschutzmanagement* kann als Mittel angesehen werden, mit dem bestimmte Zwecke erfüllt bzw. bestimmte Ziele erreicht werden sollen. Hier sei nur eine Zielsetzung genannt, die *ökologiebezogene* Zielsetzung des *Umweltschutzmanagements*. Produktions- und produktinduzierte Umweltbelastungen sollen auf ein Maß reduziert werden, das eine nachhaltige Bewirtschaftung der Umweltressourcen ermöglicht. Einen entsprechenden Text können Sie in das Eingabefeld der Dialogbox »Zwecke« eingeben.

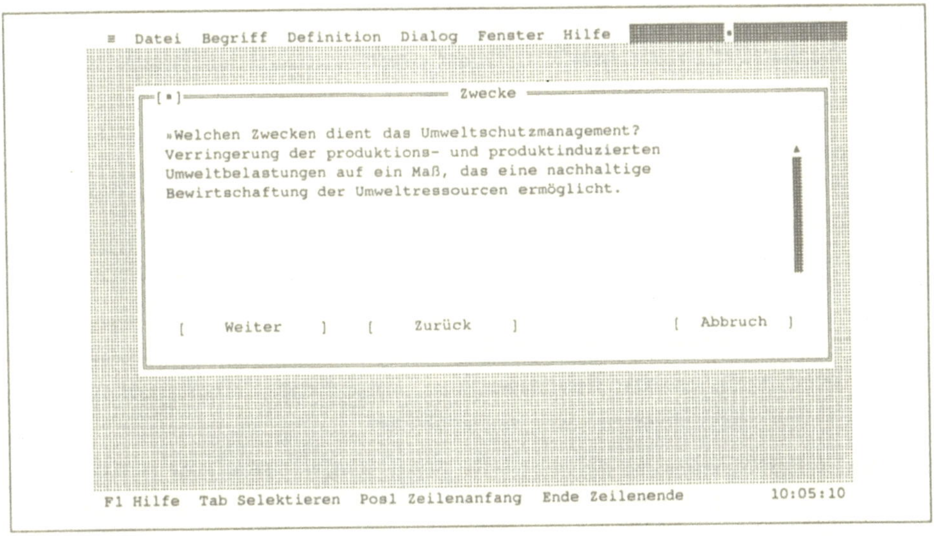

Bild 19: Dialogbox »Zwecke«; Eingabe: "Verringerung der produktions- und produktinduzierten Umweltbelastungen auf ein Maß, das eine nachhaltige Bewirtschaftung der Umweltressourcen ermöglicht."

Beim Eingeben dieses Textes, der mehrere Zeilen füllt, werden Sie mit einer der Funktionen des Texteditors von *Sokrataris* bekannt: Dem automatischen Zeilenvorschub. Sobald die Länge der Zeile 60 Zeichen überschreitet, wird (bei mehrzeiligen Eingabefeldern) ein automatischer Zeilenvorschub vorgenommen. Dieser automatische Zeilenvorschub ist jedoch kein automatischer Zeilenumbruch, wie Sie ihn vielleicht aus dem Textverarbeitungsprogramm *Microsoft Word* kennen, denn er ist nur beim erstmaligen Schreiben des Textes wirksam. Nachträgliches Einfügen von Text macht anschließendes 'manelles' Umbrechen der Zeilen erforderlich.

Der Texteditor von *Sokrataris* bietet jedoch einigen anderen Komfort: Unter anderem automatisches Einrücken (Tastenkombination <Strg>-<E>), rasches Positionieren des Cursors z.B. auf das folgende Wort (Tastenkombination <Strg>-<→>) und ein Klemmbrett zum Kopieren von Textblöcken (Tastenkombination <Strg>-<K>, <Strg>-<K> zum Kopieren auf das Klemmbrett, Tastenkombination <Strg>-<K>, <Strg>-<E> zum Einfügen des kopierten Textblockes ab der aktuellen Cursorposition).

Mehr über die Editorfunktionen erfahren Sie im Hilfetext "Der Texteditor". Diesen Hilfetext können Sie ebenso aufrufen, wie in Abschnitt 2.11 für den Hilfetext zum Stichwort "↑ Begriffspyramide" beschrieben. Am einfachsten rufen Sie ihn jedoch über das Stichwort "↑ Der Texteditor" im Glossar ab. Das Glossar ist ein spezieller, jederzeit abrufbarer Hilfetext, der

Querverweise zu den wichtigsten Hilfetexten von *Sokrataris* enthält. Diese Querverweise beziehen sich auf die Themenbereiche "Grundlagen", "Bedienung" und "Definitionskriterien".

Um einen Hilfetext über das Glossar abzurufen, gehen Sie folgendermaßen vor:

<u>Abrufen eines Hilfetexts über das Glossar</u>

- mit der Maus: Drücken Sie die rechte Maustaste. Das Hilfetextfenster mit dem Glossar öffnet sich rechts oben auf der Arbeitsfläche (Bild 20).

  Klicken Sie nun zweimal rasch hintereinander mit der linken Maustaste auf das Stichwort "↑ Der Texteditor". Der Hilfetext "Der Texteditor" erscheint im Hilfetextfenster (Bild 21).

  Sie schließen das Hilfetextfenster, indem Sie das Schließsymbol ([▪]) oben links im Rahmen des Fensters anklicken.

- mit der Tastatur: Drücken Sie gleichzeitig die Tasten <Alt>-<F1>. Das Hilfetextfenster mit dem Glossar öffnet sich rechts oben auf der Arbeitsfläche (Bild 20).

  Benutzen Sie nun die Taste <Tab>, um das Stichwort "↑ Der Texteditor" zu selektieren. Anschließend drücken Sie <Enter>. Der Hilfetext "Der Texteditor" erscheint im Hilfetextfenster (Bild 21).

  Sie schließen das Hilfetextfenster durch Drücken der Taste <Esc>.

Das Hilfetextfenster mit dem Glossar kann nur abgerufen werden, wenn kein anderes Hilfetextfenster geöffnet ist.

Zu den folgenden Definitionskriterien werden keine Angaben gemacht, um den Rahmen eines überschaubaren Beispiels nicht zu überschreiten. Bitte benutzen Sie in der gegenwärtig eingeblendeten Dialogbox »Zwecke« und in den folgenden Dialogboxen den Aktionsschalter [Weiter], um bis zur Dialogbox »Querverweise« "vorzublättern". Sie ist die letzte Dialogbox, die im Rahmen dieses Beispiels bearbeitet werden soll.

2.1.15 Bearbeiten der Dialogbox »Querverweise«; Unterbrechen und Wiederaufnahme der Bearbeitung des Fragenkataloges; das Definitionstextfenster

Häufig wird man in einer Definition Begriffe verwenden, die ihrerseits einer Definition bedürfen. Nun ist zu prüfen, ob auch in der vorliegenden Definition des Begriffes *Umweltschutzmanagement* auf Begriffe zurückgegriffen wurde, von denen der Leser der Definition möglicherweise keine genaue Vorstellung hat und die daher erklärt werden sollten. Um diese Prüfung vorzunehmen, wäre ein Überblick über den Text der bisher erarbeiteten Definition hilfreich.

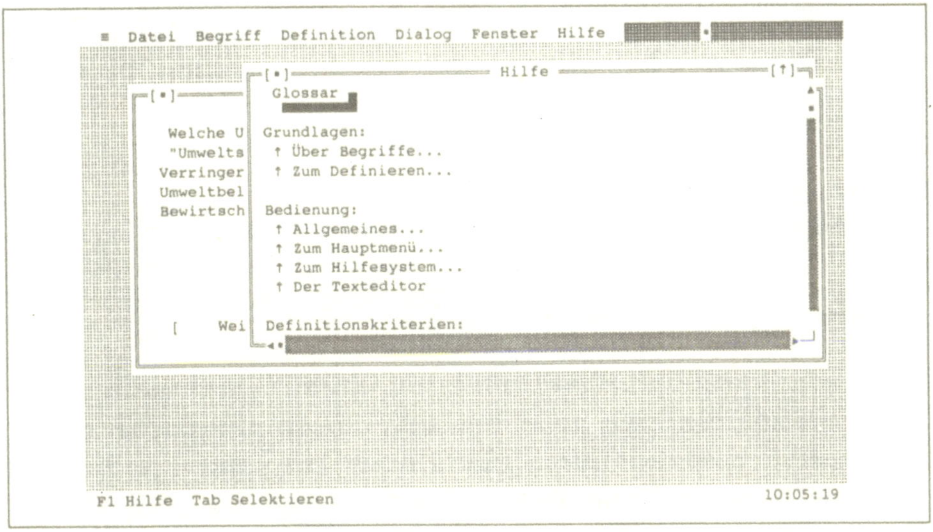

Bild 20: Das Hilfetextfenster mit dem Glossar

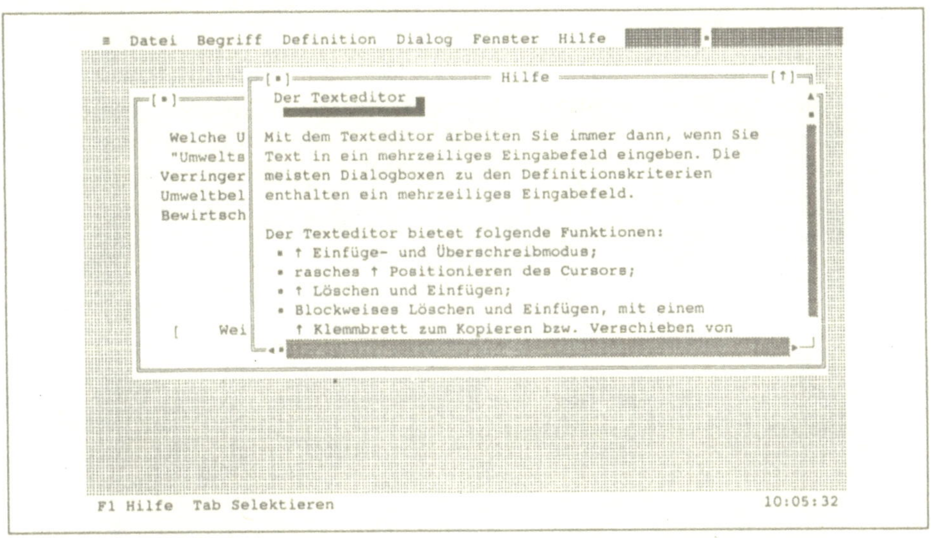

Bild 21: Das Hilfetextfenster mit dem Hilfetext "Der Texteditor", der nach Anwahl des Stichwortes "↑ Der Texteditor" erscheint

In *Sokrataris* kann man sich diesen Überblick im *Definitionstextfenster* verschaffen. Dieses Fenster zeigt alle bisher vorgenommenen Eingaben, geordnet nach Definitionskriterien. Um das Definitionstextfenster zu öffnen, ist die Bearbeitung des Fragenkataloges zu unterbrechen. Das bereitet keine Schwierigkeit, denn *Sokrataris* "merkt" sich die zuletzt bearbeitete Frage und gestattet die Wiederaufnahme der Bearbeitung an dieser Stelle des Fragenkataloges. Die erforderlichen Schritte werden im folgenden erläutert.

Zunächst wird die Bearbeitung des Fragenkataloges unterbrochen.

<u>Unterbrechen der Bearbeitung des Fragenkataloges</u>

- mit der Maus: Klicken Sie auf den Aktionsschalter [Abbruch] (Bild 22). Die Dialogbox wird geschlossen; die Arbeitsfläche ist leer. Rechts oben in der Menüleiste wird jedoch weiterhin die aktuelle Position im Fragenkatalog angezeigt.

  Anstatt auf den Aktionsschalter [Abbruch] zu klicken, können Sie auch auf das Schließsymbol ([▪]) oben links im Rahmen der Dialogbox klicken.

- mit der Tastatur: Drücken Sie dreimal die Taste <Tab>, um den Aktionsschalter [Abbruch] zu selektieren (Bild 22). Nach Drücken der Taste <Enter> wird die Dialogbox geschlossen; die Arbeitsfläche ist leer. Rechts oben in der Menüleiste wird jedoch weiterhin die aktuelle Position im Fragenkatalog angezeigt.

  Sie können auch einfach die Taste <Esc> drücken; das entspricht der Anwahl des Aktionsschalters [Abbruch].

Nachdem die Arbeitsfläche leer ist, können wieder die Menüs in der Menüleiste heruntergeklappt werden. Um einen Überblick über die bisherigen Eingaben zu erhalten, soll nun das Definitionstextfenster geöffnet werden.

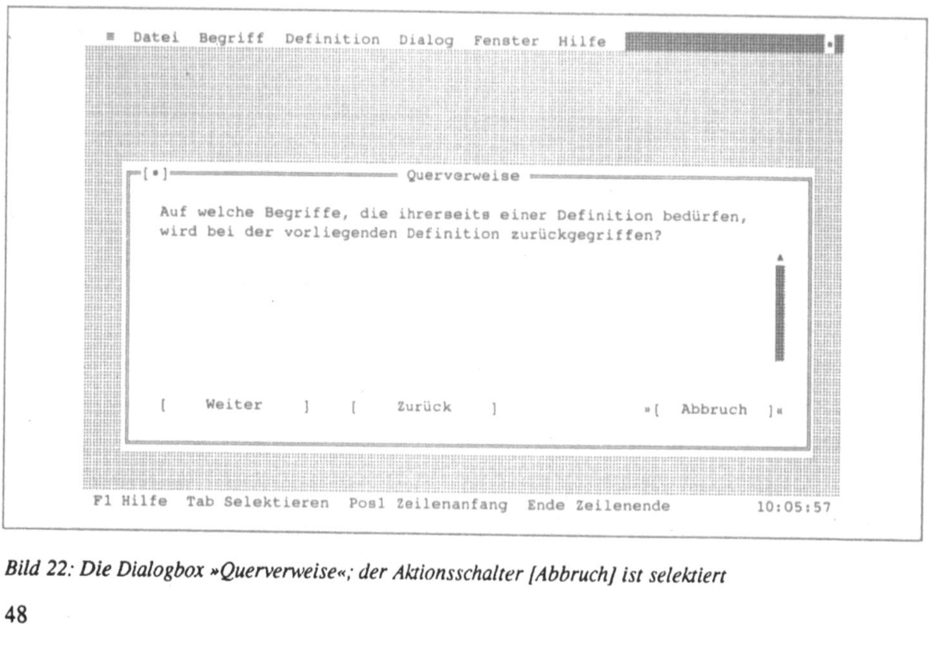

Bild 22: Die Dialogbox »Querverweise«; der Aktionsschalter [Abbruch] ist selektiert

Öffnen des Definitionstextfensters

- mit der Maus: Klicken Sie auf den Eintrag »Fenster« in der Menüleiste. Das Menü »Fenster« klappt herunter (Bild 23). Klicken Sie in diesem Menü auf den Menüpunkt »Öffnen«. Das Definitionstextfenster öffnet sich im unteren Drittel der Arbeitsfläche (Bild 24).

- mit der Tastatur: Bisher wurde die Menüleiste stets mit Hilfe der Taste <F10> aktiviert und anschließend das gewünschte Menü mit den Pfeiltasten ausgewählt. Alternativ dazu gibt es die Möglichkeit zur direkten Anwahl der Menüs und Menüpunkte mittels *Tastenkombinationen;* solche Tastenkombinationen gibt es für jedes Menü in der Menüleiste und für die meisten Menüpunkte von *Sokrataris.* Dazu hier ein Beispiel: Drücken Sie gleichzeitig die Tasten <Alt>-<F>. (Der Buchstabe "F" ist im Eintrag »Fenster« in der Menüleiste hervorgehoben. Das bedeutet, das das zugehörige Menü mit der Tastenkombination <Alt>-<F> heruntergeklappt werden kann.) Das Menü »Fenster« klappt herunter (Bild 23). Benutzen Sie die Taste <↓>, um den Markierungsbalken auf den Menüpunkt »Öffnen« zu setzen. Drücken Sie anschließend die Taste <Enter>. Das Definitionstextfenster öffnet sich im unteren Drittel der Arbeitsfläche (Bild 24).

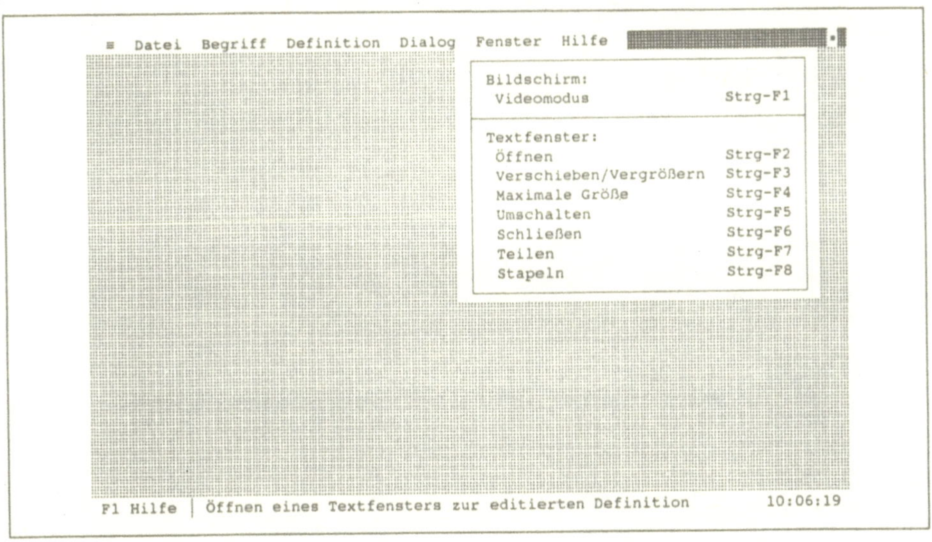

Bild 23: Das Menü »Fenster«; oben rechts in der Menüleiste wird die aktuelle Position im Fragenkatalog angezeigt

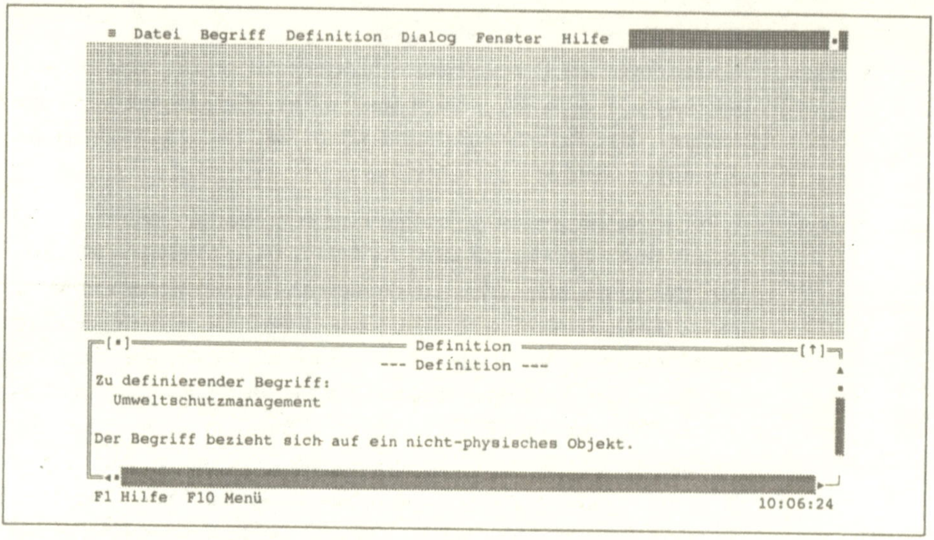

Bild 24: Das Definitionstextfenster im unteren Drittel der Arbeitsfläche

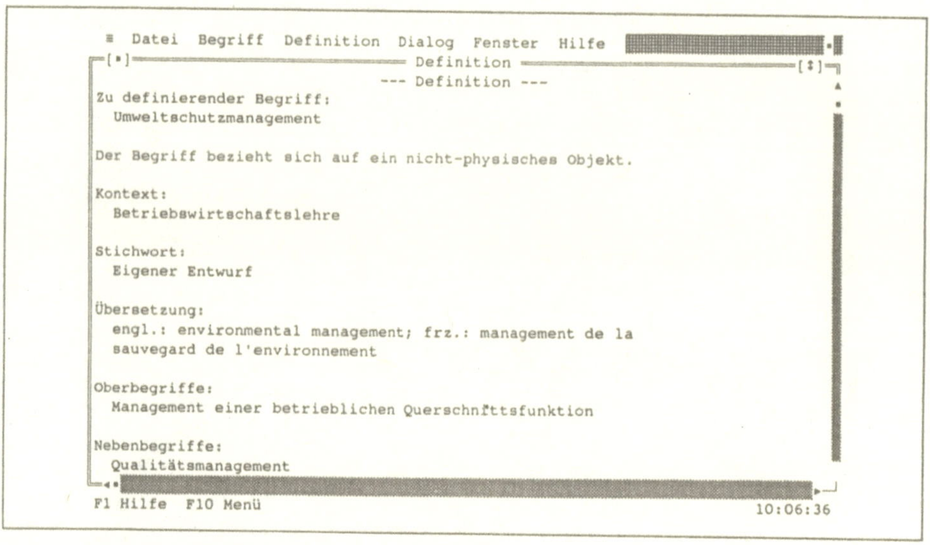

Bild 25: Das Definitionstextfenster in maximaler Größe

Um einen größeren Teil des Definitionstextes zu sehen, können Sie das Definitionstextfenster auf die volle Größe der Arbeitsfläche erweitern (Bild 25).

Vergrößern des Definitionstextfensters auf maximale Größe

- mit der Maus: Klicken Sie auf das Zoomsymbol ([↑]) oben rechts im Rahmen des Definitionstextfensters. Das Fenster vergrößert sich auf maximale Größe (Bild 25).

- mit der Tastatur: Drücken Sie gleichzeitig die Tasten <Strg>-<F4> (diese Tastenkombination löst die mit dem Menüpunkt »Maximale Größe« im Menü »Fenster« verbundene Funktion aus, vgl. Bild 23). Das Fenster vergrößert sich auf maximale Größe (Bild 25).

Den Text im Definitionstextfenster können Sie ebenso wie den Text in Hilfetextfenstern rollen (vgl. Abschnitt 2.1.7).

Der Überblick über den Definitionstext hilft, die Begriffe zu erkennen, die ihrerseits einer Erklärung bedürfen. In diesem Beispiel sind dies die Begriffe *Management* und *(natürliche) Umwelt*. Daher ist unter »Querverweise« auf Definitionen dieser Begriffe zu verweisen.

Bitte schließen Sie zunächst das Definitionstextfenster.

Schließen des Definitionstextfensters

- mit der Maus: Klicken Sie auf das Schließsymbol ([■]) oben links im Rahmen des Definitionstextfensters. Das Fenster wird von der Arbeitsfläche entfernt.

- mit der Tastatur: Drücken Sie gleichzeitig die Tasten <Strg>-<F6> (diese Tastenkombination löst die mit dem Menüpunkt »Schließen« im Menü »Fenster« verbundene Funktion aus, vgl. Bild 23). Das Fenster wird von der Arbeitsfläche entfernt.

Nun soll die Bearbeitung des Fragenkataloges fortgesetzt werden, um in der Dialogbox »Querverweise« die erforderlichen Eingaben vorzunehmen.

Wiederaufnahme der Bearbeitung des Fragenkataloges

- mit der Maus: Klicken Sie auf den Eintrag »Dialog« in der Menüleiste. Das Menü »Dialog« klappt herunter (Bild 26). Klicken Sie nun auf den durch das Pfeilsymbol gekennzeichneten Menüpunkt »Beantworten von Fragen«. Die Dialogbox »Querverweise« erscheint auf der Arbeitsfläche.

- mit der Tastatur: Drücken Sie gleichzeitig die Tasten <Alt>-<I>. Das Menü »Dialog« klappt herunter (Bild 26). Der Markierungsbalken ist bereits auf den Menüpunkt »Beantworten von Fragen« eingestellt, der durch das Pfeilsymbol gekennzeichnet ist. Dazu eine Anmerkung: *Sokrataris* "merkt" sich für jedes Menü den zuletzt angewählten Menüpunkt und setzt den Markierungsbalken automatisch auf diesen Menüpunkt, sobald das Menü wieder heruntergeklappt wird. Sie müssen also nur die Taste <Enter> drücken. Die Dialogbox »Querverweise« erscheint auf der Arbeitsfläche.

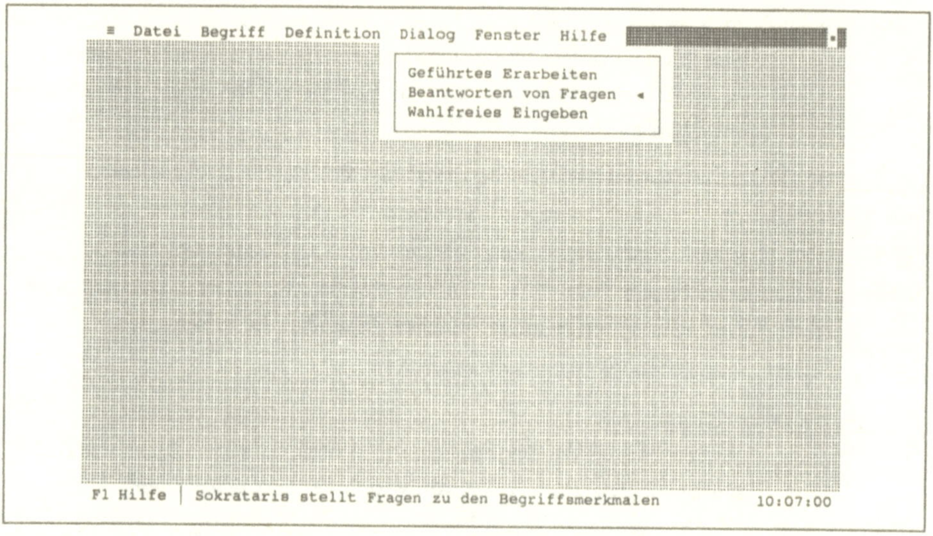

Bild 26: Das Menü »Dialog«; das Pfeilsymbol am Menüpunkt »Beantworten von Fragen« zeigt den eingestellten Dialogmodus an

Geben Sie bitte in die Dialogbox die Begriffe *Management* und *(natürliche) Umwelt* ein. Sofern für diese Begriffe bereits eine Definition erstellt worden ist (wie in diesem Beispiel), können Sie zusätzlich die Bezeichner der zugehörigen *Sokrataris*-Datensatzdateien angeben, in diesem Fall "MANAGEMT.SOK" und "UMWELT.SOK" (Bild 27).

Bitte rufen Sie mit dem Aktionsschalter [Weiter] die nächste Dialogbox, »Kommentare und Aphorismen«, ab. Auf Eingaben in dieser Dialogbox sei verzichtet. Benutzen Sie nochmals den Aktionsschalter [Weiter], um die letzte Dialogbox im Dialogmodus »Beantworten von Fragen« abzurufen.

2.1.16 Ende der Bearbeitung des Fragenkataloges

Die letzte im Dialogmodus »Beantworten von Fragen« erscheinende Dialogbox schließt den Fragenkatalog ab (Bild 28).

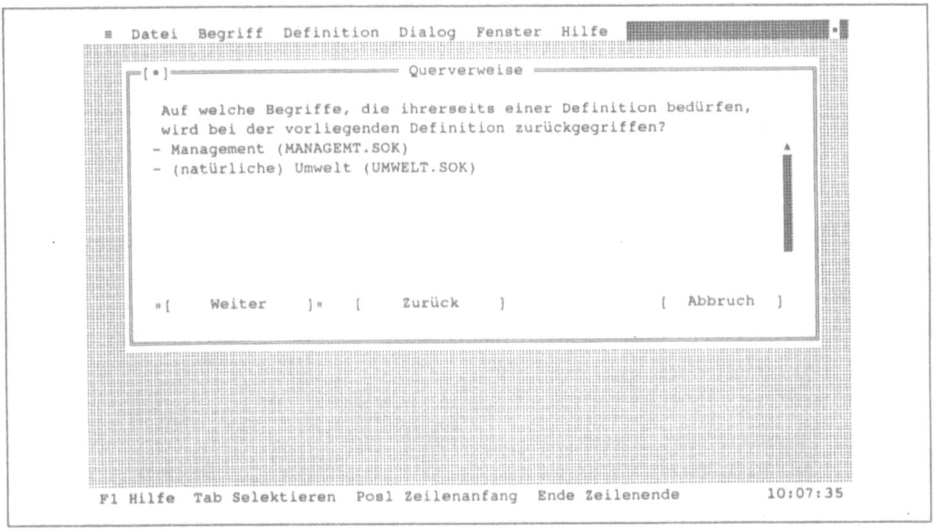

Bild 27: Die Dialogbox »Querverweise«; Eingabe: "- Management (MANAGEMT.SOK)" und "- (natürliche) Umwelt (UMWELT.SOK)"

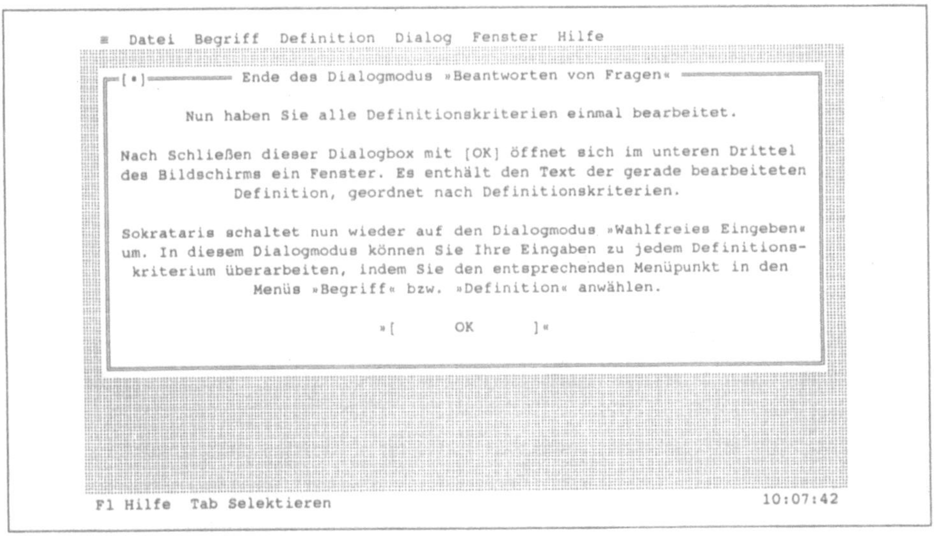

Bild 28: Die letzte im Dialogmodus »Beantworten von Fragen« erscheinende Dialogbox

Benutzen Sie den Aktionsschalter [OK], um die Dialogbox von der Arbeitsfläche zu entfernen. Das Definitionstextfenster öffnet sich automatisch im unteren Drittel der Arbeitsfläche (Bild 29).

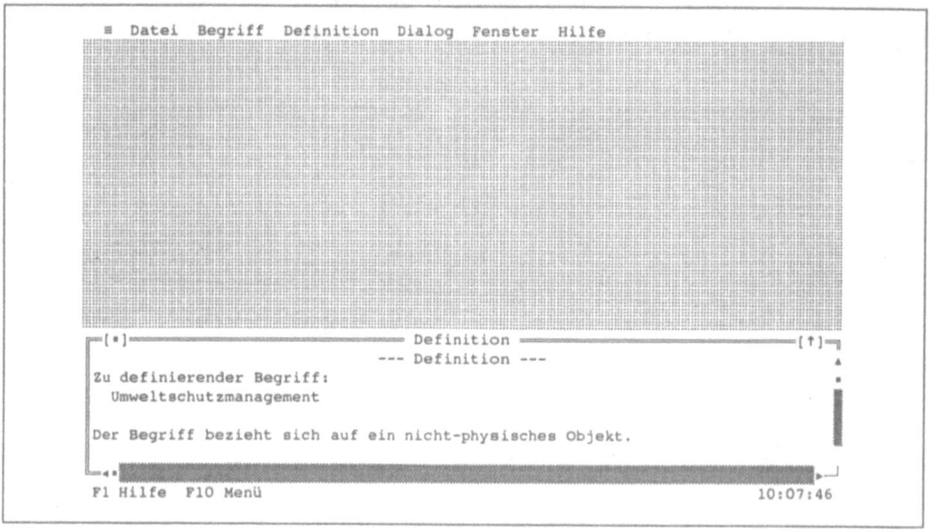

Bild 29: Das Definitionstextfenster öffnet sich nach Abschluß der Bearbeitung des Fragenkataloges automatisch

2.1.17 Speichern der erarbeiteten Definition

Die erarbeitete Definition soll nun gespeichert werden. *Sokrataris* bietet zwei Möglichkeiten, Definitionen zu speichern: Sie können eine Definition

- als Datensatzdatei oder
- als Textdatei

speichern.

Jede dieser beiden Arten der Speicherung hat ihren bestimmten Zweck:

- Definitionen, die als Datensatzdateien gespeichert sind, können wieder in *Sokrataris* geladen und editiert werden. Daher sollten neu erstellte oder geänderte Definitionen stets als Datensatzdatei gespeichert werden.
- Definitionen, die als Textdateien gespeichert sind, können hingegen mit *Sokrataris* nicht mehr verändert werden. Sie können jedoch in jedes zeichenbasierte Textverarbeitungsprogramm geladen und dort weiterbearbeitet werden (erweiterter ASCII-Zeichensatz). Wenn Sie diese Möglichkeit nutzen möchten, sollten Sie die betreffende Definition als Textdatei speichern.

In diesem Beispiel soll die erarbeitete Definition sowohl als Datensatzdatei als auch als Textdatei gespeichert werden.

2.1.17.1 Speichern der erarbeiteten Definition als Datensatzdatei

Die Menüpunkte zum Speichern, Laden und Löschen von Dateien sind im Menü »Datei« zusammengefaßt.

<u>Speichern der erarbeiteten Definition als Datensatzdatei</u>

- mit der Maus: Klicken Sie auf den Eintrag »Datei« in der Menüleiste. Das Menü »Datei« klappt herunter (Bild 30). Klicken Sie nun auf den Menüpunkt »Speichern als Datensatz«. Die Dialogbox »Speichern als Datensatz« erscheint auf der Arbeitsfläche (Bild 31).

  Bei Erscheinen der Dialogbox »Speichern als Datensatz« ist das Eingabefeld unter "Bezeichner" bereits selektiert. Geben Sie in dieses Eingabefeld bitte den Dateinamen "BEISPIEL.SOK" oder einfach nur "BEISPIEL" ein. Sie können beliebig Groß- oder Kleinschreibung verwenden; die eingegebene Zeichenkette wird automatisch in Großbuchstaben konvertiert. Falls Sie nur "BEISPIEL" eingegeben haben, wird außerdem automatisch die Erweiterung ".SOK" an den Dateinamen angehängt. Klicken Sie nun auf den Aktionsschalter [Speichern]. Die erarbeitete Definition wird als Datensatzdatei gespeichert und die Dialogbox von der Arbeitsfläche entfernt.

- mit der Tastatur: Drücken Sie gleichzeitig die Tasten <Alt>-<T>. Das Menü »Datei« klappt herunter (Bild 30). Setzen Sie den Markierungsbalken mit den Pfeiltasten < ↓ > bzw. < ↑ > auf den Menüpunkt »Speichern als Datensatz«. Drücken Sie <Enter>. Die Dialogbox »Speichern als Datensatz« erscheint auf der Arbeitsfläche (Bild 31).

  Bei Erscheinen der Dialogbox »Speichern als Datensatz« ist das Eingabefeld unter "Bezeichner" bereits selektiert. Geben Sie in dieses Eingabefeld bitte den Dateinamen "BEISPIEL.SOK" oder einfach nur "BEISPIEL" ein. Sie können beliebig Groß- oder Kleinschreibung verwenden; die eingegebene Zeichenkette wird automatisch in Großbuchstaben konvertiert. Falls Sie nur "BEISPIEL" eingegeben haben, wird außerdem automatisch die Erweiterung ".SOK" an den Dateinamen angehängt. Drücken Sie zweimal auf die Taste <Tab>, um den Aktionsschalter [Speichern] zu selektieren. Drücken Sie anschließend <Enter>. Die erarbeitete Definition wird als Datensatzdatei gespeichert und die Dialogbox von der Arbeitsfläche entfernt.

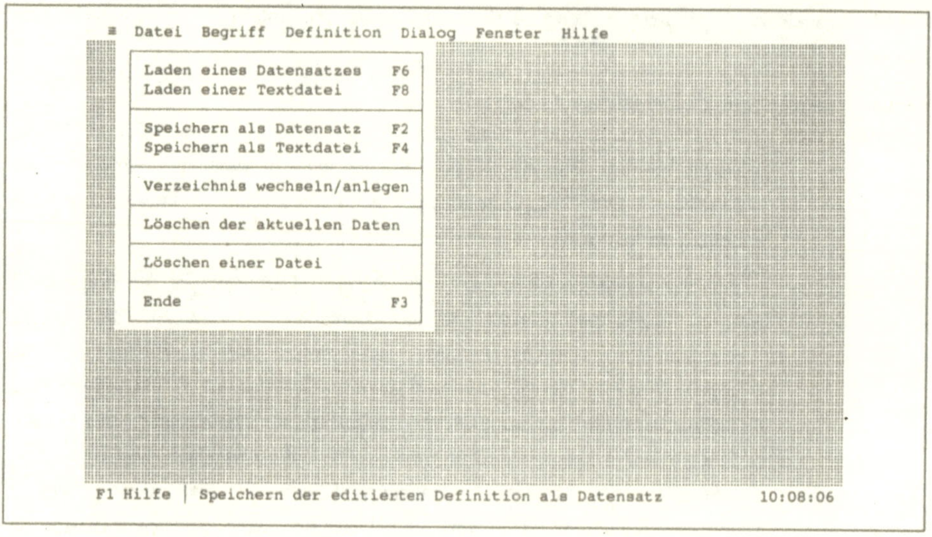

Bild 30: Das Menü »Datei«

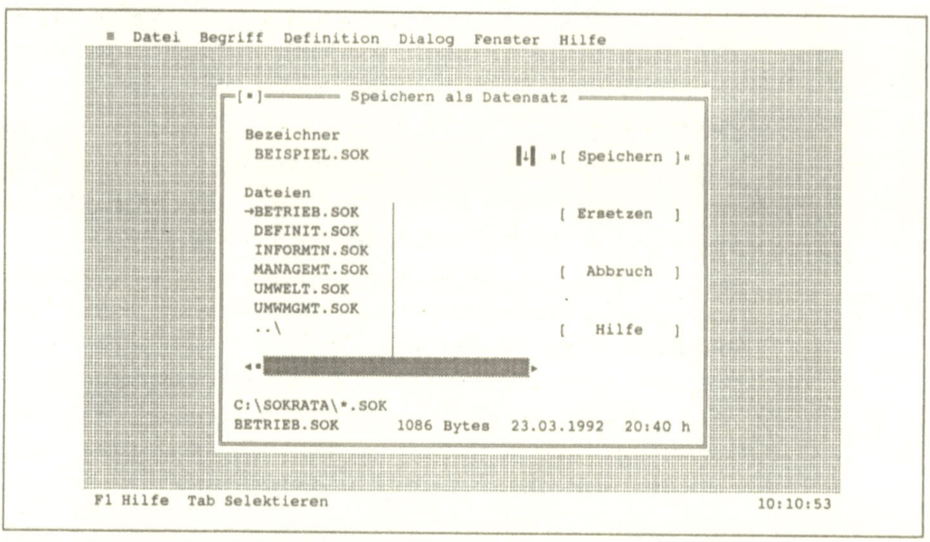

Bild 31: Die Dialogbox »Speichern als Datensatz«; Eingabe: "BEISPIEL.SOK" oder einfach nur "BEISPIEL"

2.1.17.2 Speichern der erarbeiteten Definition als Textdatei

Beim Speichern der erarbeiteten Definition als Textdatei können Sie ebenso vorgehen, wie vorstehend für das Speichern als Datensatzdatei beschrieben. Anstelle des Menüpunktes »Speichern als Datensatz« wählen Sie den Menüpunkt »Speichern als Textdatei« im Menü »Datei« Es erscheint die Dialogbox »Speichern als Textdatei« (Bild 32).

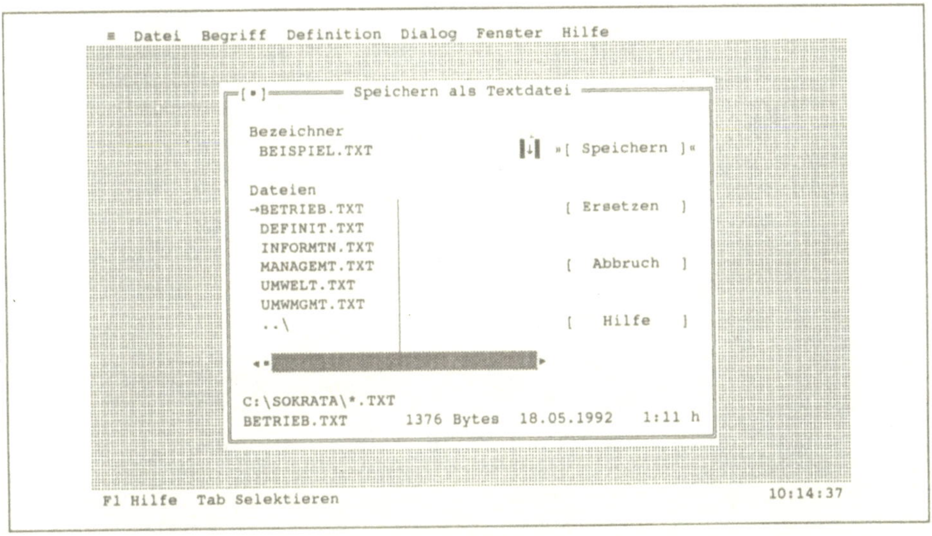

Bild 32: Die Dialogbox »Speichern als Textdatei«; Eingabe: "BEISPIEL.TXT" oder einfach nur "BEISPIEL"

Ein Hinweis für Benutzer der Tastatur: Alle Dialogboxen zum Laden und Speichern von Dateien können Sie auch direkt über die Funktionstasten <F6>, <F8>, <F2> und <F4> abrufen (vgl. das Menü »Datei« in Bild 30).

2.1.18 Beenden der Arbeit mit *Sokrataris*

Nachdem die erarbeitete Definition als Datensatz- und als Textdatei gespeichert ist, ist das einführende Beispiel abgeschlossen.

<u>Beenden von *Sokrataris*</u>

- mit der Maus: Klicken Sie auf den Eintrag »Datei« in der Menüleiste. Das Menü »Datei« klappt herunter. Klicken Sie nun auf den Menüpunkt »Ende«. Es erscheint eine Dialogbox, in der gefragt wird, ob Sie die gegenwärtig bearbeitete Definition bereits gespeichert haben (Bild 33). Klicken Sie auf den Aktionsschalter »Beenden«, dann wird *Sokrataris* beendet.

- mit der Tastatur: Drücken Sie die Taste <F3>. Es erscheint eine Dialogbox, in der gefragt wird, ob Sie die gegenwärtig bearbeitete Definition bereits gespeichert haben (Bild 33). Selektieren Sie mit der Taste <Tab> den Aktionsschalter »Beenden« und drücken Sie anschließend <Enter>. *Sokrataris* wird beendet.

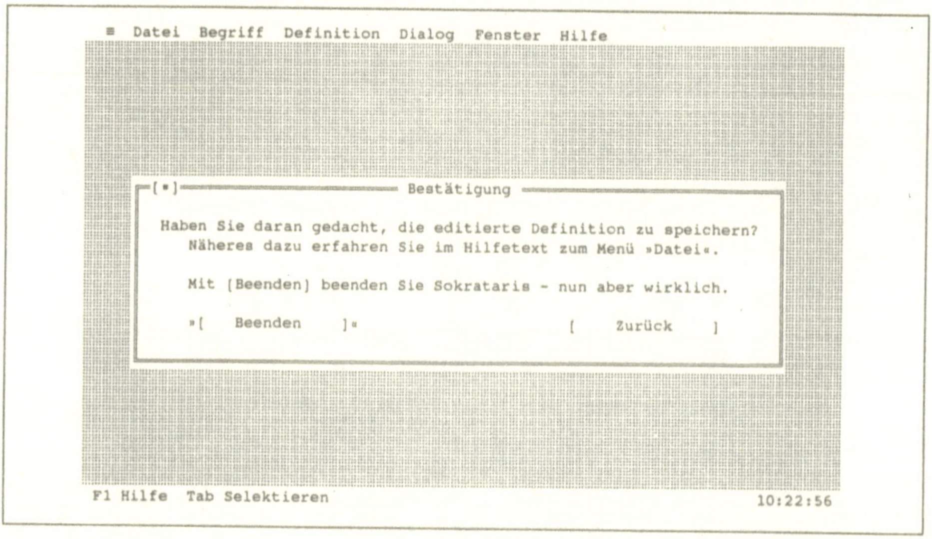

Bild 33: Die Dialogbox, in der auf das Speichern der erarbeiteten Definition hingewiesen wird

2.2 Weitere Funktionen und ergänzende Hinweise

Bisher wurde am Beispiel des Begriffs *Umweltschutzmanagement* einmal das Kriterienraster von *Sokrataris* durchgearbeitet, die entstandene Definition wurde gespeichert, und einige andere Funktionen des Programms (Kontextbezogene Hilfe, Textfenster) wurden eingesetzt. Über diese - normalerweise in einer ersten Arbeitssitzung verwendeten - Funktionen hinaus gibt es weitere, häufig gebrauchte Funktionen:

- das Überarbeiten einer als Datensatzdatei gespeicherten Definition,
- das Ansehen einer als Textdatei gespeicherten Definition,
- das Ordnen der erarbeiteten Definitionen nach Sachgebieten,
- das Exportieren einer Textdatei in ein Textverarbeitungsprogramm.

Ferner hilft die genauere Kenntnis der Funktionen des Texteditors bei der Bearbeitung umfangreicherer Definitionen mit *Sokrataris;* diese Funktionen werden in Abschnitt 2.2.5 erläutert.

2.2.1 Überarbeiten einer als Datensatzdatei gespeicherten Definition

Eine mit *Sokrataris* erstellte Definition können Sie jederzeit wieder in *Sokrataris* laden und um neue Angaben ergänzen, korrigieren oder in anderer Hinsicht überarbeiten. Hierfür muß die Definition allerdings zuvor als Datensatzdatei gespeichert worden sein.

Um eine Datensatzdatei zu laden, benutzen Sie den Menüpunkt »Laden eines Datensatzes« im Menü »Datei«. Falls sich bereits eine Definition im Arbeitsspeicher befindet, erscheint eine Dialogbox, die auf das Überschreiben dieser Daten durch den neu geladenen Datensatz hinweist (Bild 34).

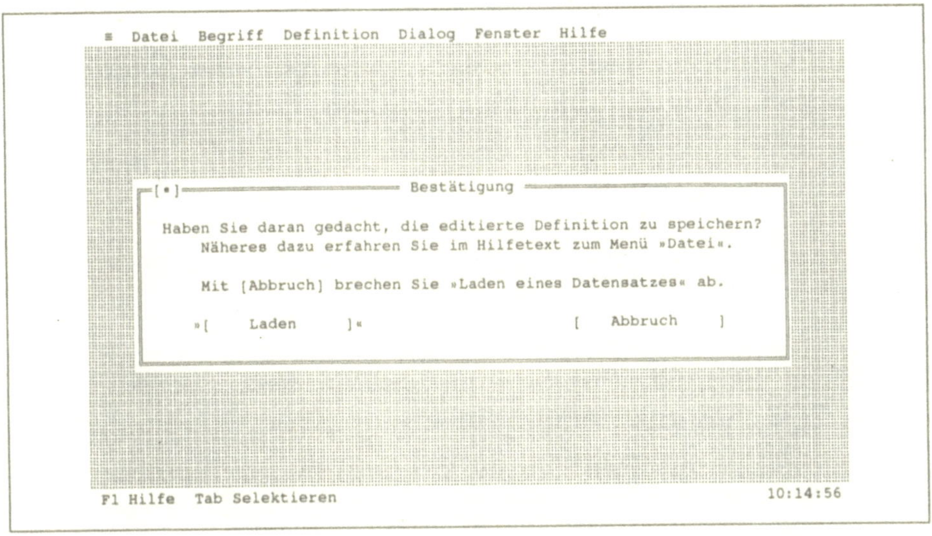

Bild 34 Die Dialogbox, die auf das Überschreiben der aktuellen Daten durch den neu zu ladenden Datensatz hinweist (erscheint nur, wenn sich gegenwärtig eine Definition im Arbeitsspeicher befindet)

Wählen Sie den Aktionsschalter [Laden], um den neuen Datensatz in den Arbeitsspeicher zu laden. Die Dialogbox »Laden eines Datensatzes« erscheint. Bitte wählen Sie in der Liste der Dateinamen eine Datei aus, beispielsweise "UMWMGMT.SOK". Diese Datei enthält eine umfassendere Definition des Begriffes *Umweltschutzmanagement*. Bei der Auswahl des Dateinamens aus der Dateinamenliste gehen Sie folgendermaßen vor:

<u>Auswahl eines Dateinamens aus der Dateinamenliste</u>

- mit der Maus: Klicken Sie auf den gewünschten Dateinamen in der Dateinamenliste, beispielsweise auf "UMWMGMT.SOK". Der Dateiname wird dadurch automatisch in das Eingabefeld unter "Bezeichner" kopiert (Bild 35). Klicken Sie anschließend den Aktionsschalter [Laden] an. Der Ladevorgang wird gestartet.

Nach Abschluß des Ladevorgangs öffnet sich automatisch das Definitionstextfenster im unteren Drittel der Arbeitsfläche (Bild 36).

- mit der Tastatur: Drücken Sie die Taste <Tab>, um die Dateinamenliste zu selektieren. Benutzen Sie die Pfeiltasten <↓> und <↑>, um den gewünschten Dateinamen zu markieren. Der markierte Dateiname wird automatisch in das Eingabefeld unter "Bezeichner" kopiert (Bild 35). Erscheint der gewünschte Dateiname im Eingabefeld, drücken Sie nochmals <Tab>. Der Aktionsschalter [Laden] wird selektiert. Durch Drücken von <Enter> starten Sie den Ladevorgang. Nach Abschluß des Ladevorgangs öffnet sich automatisch das Definitionstextfenster im unteren Drittel der Arbeitsfläche (Bild 36).

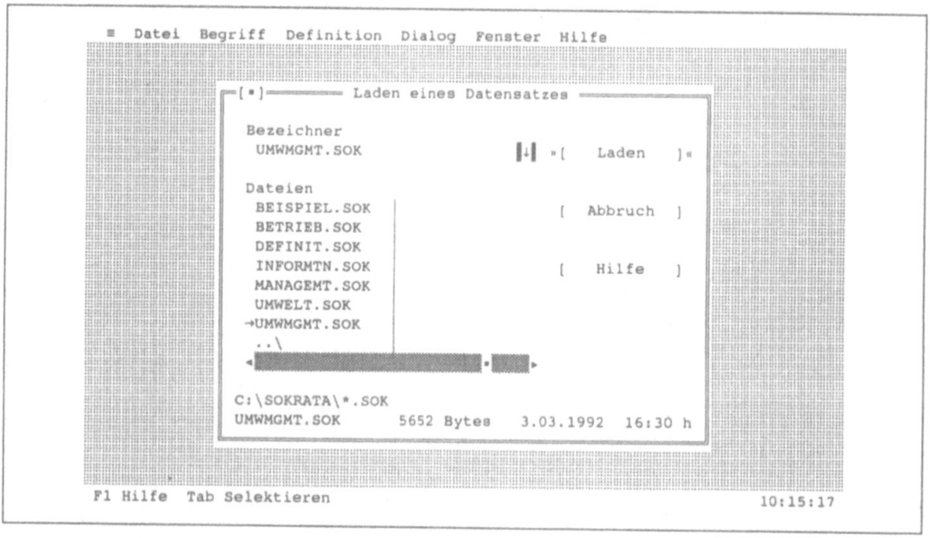

Bild 35: Die Dialogbox »Laden eines Datensatzes«; der Dateiname "UMWMGMT.SOK" ist markiert und wurde automatisch ins Eingabefeld unter "Bezeichner" kopiert

Weitere Informationen zu den Möglichkeiten, die diese Dialogbox bietet, erfahren Sie im zugehörigen Hilfetext. Zum Aufrufen des Hilfetextes drücken Sie bitte <F1> oder wählen den Aktionsschalter [Hilfe] in der Dialogbox.

Um den Text zu einem Definitionskriterium zu überarbeiten, können Sie die zugehörige Dialogbox über den entsprechenden Menüpunkt im Menü »Definition« abrufen. Dazu muß der Dialogmodus »Wahlfreies Eingeben« eingestellt sein. Um beispielsweise *Management des Umweltschutzes* als Synonym für *Umweltschutzmanagement* einzugeben, gehen Sie folgendermaßen vor:

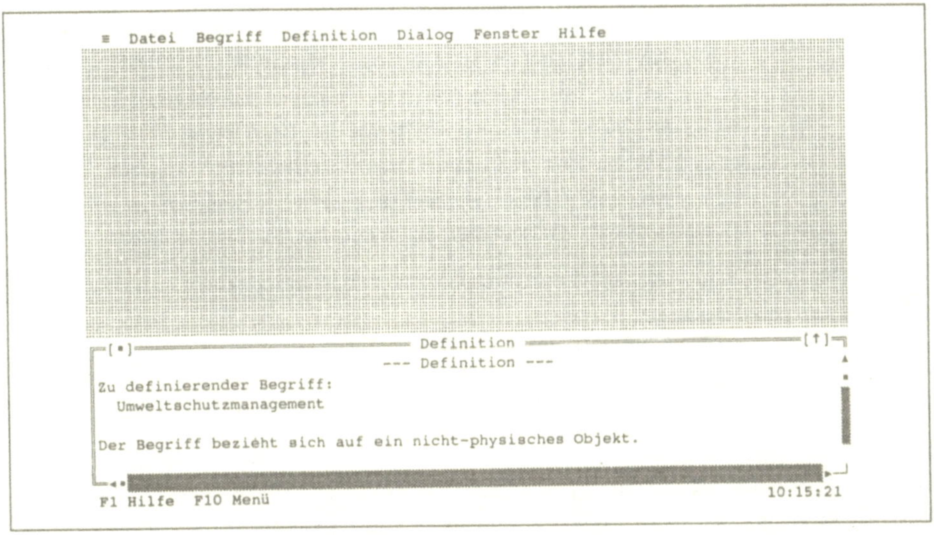

Bild 36: Das Definitionstextfenster zeigt nach Abschluß des Ladevorgangs den Text der geladenen Definition

Überarbeiten des Textes zu einem Definitionskriterium

- mit der Maus: Klicken Sie auf den Eintrag »Dialog« in der Menüleiste. Das Menü »Dialog« klappt herunter. Das Pfeilsymbol muß auf den Menüpunkt »Wahlfreies Eingeben« gerichtet sein; ist das nicht der Fall, klicken Sie bitte diesen Menüpunkt an. Das Pfeilsymbol springt dann auf diesen Menüpunkt.

  Klicken Sie nun auf den Eintrag »Definition« in der Menüleiste. Das Menü »Definition« klappt herunter. Klicken Sie in diesem Menü den Menüpunkt »Bedeutungsgleiche Ausdrücke« an. Die Dialogbox »Bedeutungsgleiche Ausdrücke« erscheint auf der Arbeitsfläche. Im Eingabefeld dieser Dialogbox können Sie den Text "Management des Umweltschutzes" eingeben. Bitte schließen Sie die Eingabe durch Mausklick auf den Aktionsschalter [Einlesen] ab.

- mit der Tastatur: Drücken Sie gleichzeitig die Tasten <Alt>-<I>, um das Menü »Dialog« herunterklappen zu lassen. Das Pfeilsymbol muß auf den Menüpunkt »Wahlfreies Eingeben« gerichtet sein; ist das nicht der Fall, setzen Sie den Markierungsbalken bitte auf diesen Menüpunkt, und drücken Sie anschließend <Enter>. Das Pfeilsymbol springt dann auf diesen Menüpunkt.

  Drücken Sie nun gleichzeitig die Tasten <Alt>-<D>. Das Menü

»Definition« klappt herunter. Markieren Sie mit den Pfeiltasten <↓> und <↑> den Menüpunkt »Bedeutungsgleiche Ausdrücke«, und drücken Sie anschließend die Taste <Enter>. Die Dialogbox »Bedeutungsgleiche Ausdrücke« erscheint auf der Arbeitsfläche. Im Eingabefeld dieser Dialogbox können Sie den Text "Management des Umweltschutzes" eingeben. Drücken Sie anschließend <Tab>, um den Aktionsschalter [Einlesen] zu selektieren, und schließen Sie die Dialogbox durch Drücken der Taste <Enter>.

Die Vorgehensweise zum Speichern der überarbeiteten Definition entspricht der in Abschnitt 2.17 beschriebenen Vorgehensweise.

2.2.2 Ansehen einer als Textdatei gespeicherten Definition

Wenn Sie das Beispiel aus Abschnitt 2.2.1 mit *Sokrataris* bearbeitet haben, befindet sich gegenwärtig eine Definition des Begriffes *Umweltschutzmanagement* im Arbeitsspeicher (Datensatzdatei UMWMGMT.SOK). In dieser Definition wird unter »Querverweise« auf eine Definition des Begriffes *Management* verwiesen, auf die die vorliegende Definition aufbaut. Eine Definition des Begriffes *Management* liegt sowohl als Datensatzdatei (MANAGEMT.SOK) als auch als Textdatei (MANAGEMT.TXT) vor. In diesem Abschnitt wird die Textdatei MANAGEMT.TXT in *Sokrataris* geladen, um beide Definitionen gleichzeitig ansehen zu können.

Um eine Textdatei zu laden, benutzen Sie den Menüpunkt »Laden einer Textdatei« im Menü »Datei«. Die weitere Vorgehensweise entspricht der in Abschnitt 2.2.1 beschriebenen Vorgehensweise zum Laden eines Datensatzes; wählen Sie in der Dialogbox »Laden einer Textdatei« den Dateinamen "MANAGEMT.TXT". Nach Anwahl des Aktionsschalters [Laden] startet der Ladevorgang. Nach Abschluß des Ladevorgangs öffnet sich in der Mitte der Arbeitsfläche automatisch ein Textfenster, das den Text der geladenen Textdatei - eine Definition des Begriffes *Management* - zeigt. Um die Texte in diesem Fenster und dem Definitionstextfenster besser vergleichen zu können, können Sie folgendermaßen vorgehen:

Automatisches Anordnen aller geöffneten Textfenster auf der Arbeitsfläche

- mit der Maus: Klicken Sie auf den Eintrag »Fenster« in der Menüleiste. Das Menü »Fenster« klappt herunter (Bild 37). Klicken Sie auf den Menüpunkt »Teilen«. Die beiden Textfenster werden automatisch so angeordnet, daß die gesamte Arbeitsfläche genutzt wird. Durch Mausklick können Sie jeweils eines der beiden geöffneten Textfenster aktivieren, z.B. um den darin gezeigten Text nach oben oder unten zu rollen.

- mit der Tastatur: Drücken Sie gleichzeitig die Tasten <Alt>-<F>, um das Menü »Fenster« herunterklappen zu lassen (Bild 37). Benutzen Sie wie gewohnt die Pfeiltasten <↓> und <↑>, um den Menüpunkt »Teilen« zu markieren, und drücken Sie anschließend <Enter>. Die beiden Textfenster werden automatisch so angeordnet, daß die gesamte Arbeitsfläche genutzt wird. Mit dem Menüpunkt »Umschalten« im Menü »Fenster« (Tastenkombination <Strg>-<F5>) können Sie jeweils eines der beiden geöffneten Textfenster aktivieren, z.B. um den darin gezeigten Text nach oben oder unten zu rollen.

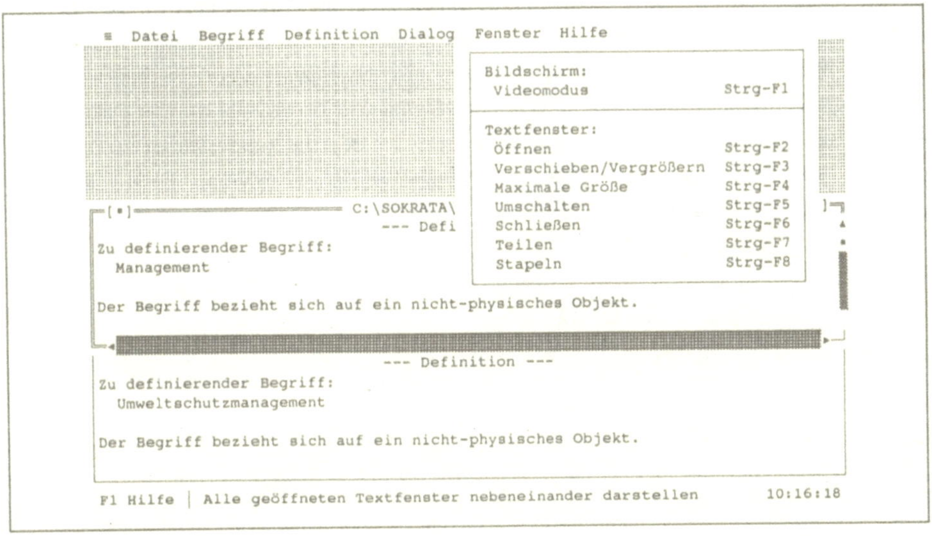

Bild 37: Das Menü »Fenster«

Näheres zur Handhabung der Textfenster finden Sie im Abschnitt 4.6.2 dieses Buches oder im Hilfetext zum Eintrag »Textfenster:« im Menü »Fenster«.

Vielleicht möchten Sie nun eines der Textfenster schließen.

<u>Schließen eines Textfensters</u>

- mit der Maus: Klicken Sie auf das Textfenster, das Sie schließen möchten. Das Textfenster wird aktiv. Klicken Sie oben links im Rahmen des aktiven Textfensters auf das Schließsymbol ([▪]). Das Textfenster schließt sich.

- mit der Tastatur: Aktivieren Sie mit der Tastenkombination <Strg>-<F5> das Textfenster, das Sie schließen möchten. Benutzen Sie anschließend die Tastenkombination <Strg>-<F6>, um das aktive Textfenster zu schließen.

Mit dem Schließen eines Textfensters, das den Text einer Textdatei zeigt, wird dieser Text automatisch aus dem Arbeitsspeicher gelöscht. Der Text der gegenwärtig bearbeiteten Definition, den Sie im Definitionstextfenster sehen, verbleibt im Arbeitsspeicher, unabhängig davon, ob das Definitionstextfenster geöffnet oder geschlossen ist. Wollen Sie den Text der gegenwärtig bearbeiteten Definition löschen, benutzen den Menüpunkt »Löschen der aktuellen Daten« im Menü »Datei«.

2.2.3 Ordnen der erarbeiteten Definitionen nach Sachgebieten

Um die mit *Sokrataris* erstellten Definitionen geordnet zu archivieren, können Sie sie z.B. nach Sachgebieten geordnet in (Unter-) Verzeichnissen speichern. Zum Anlegen dieser Verzeichnisse und zum Wechseln in das gewünschte Verzeichnis ist die Dialogbox »Verzeichnis wechseln/anlegen« (Bild 38) vorgesehen, die Sie über den Menüpunkt »Verzeichnis wechseln/anlegen« im Menü »Datei« abrufen können. Im gezeigten Beispiel wurden Unterverzeichnisse zu den Sachgebieten *Betriebswirtschaftslehre* (BWL), *Volkswirtschaftslehre* (VWL), *Recht* (RECHT), *Informatik* (INFORM) und *Technik* (TECHNIK) angelegt.

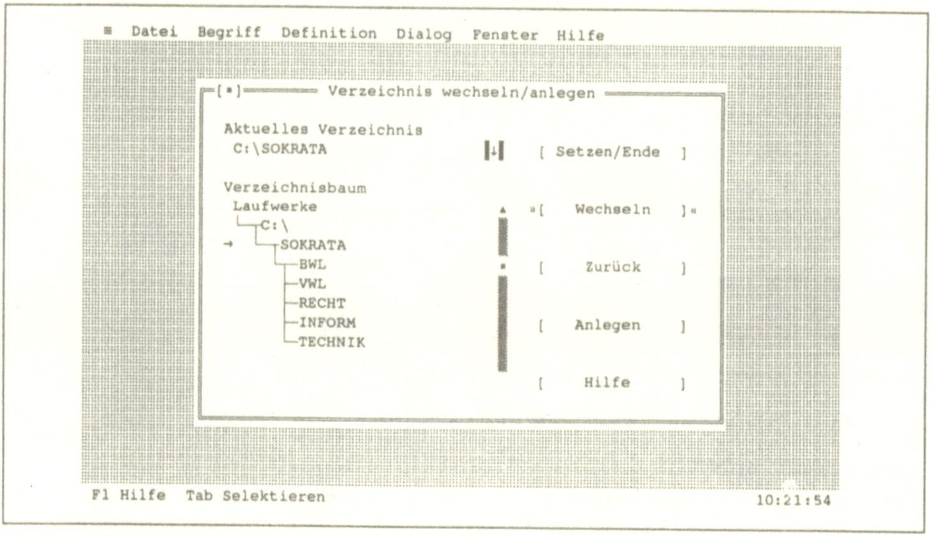

Bild 38: Dialogbox »Verzeichnis wechseln/anlegen«; im Verzeichnisbaum sind die fünf Unterverzeichnisse des Verzeichnisses SOKRATA zu sehen

Näheres zum Anlegen neuer Verzeichnisse entnehmen Sie bitte Abschnitt 4.2.5 dieses Buches oder dem zu der Dialogbox »Verzeichnis wechseln/anlegen« gehörenden Hilfetext, den Sie mit <F1> abrufen können. Dort wird auch erläutert, wie für alle Dateioperationen ein Standardverzeichnis gesetzt werden kann.

2.2.4 Exportieren einer mit *Sokrataris* erstellten Textdatei in ein Textverarbeitungsprogramm

Eine mit *Sokrataris* erstellte Definition kann in jedes zeichenbasierte Textverarbeitungsprogramm geladen und dort bearbeitet werden. Hierfür muß die Definition allerdings zuvor als Textdatei gespeichert worden sein. In diesem Abschnitt soll diese Möglichkeit an einem Beispiel gezeigt werden.

Zunächst ist die Definition, die Sie in das Textverarbeitungsprogramm exportieren möchten, als Textdatei zu speichern. *Sokrataris* verwendet dabei den erweiterten ASCII-Zeichensatz (255 Zeichen). Da die mitgelieferten Beispieldefinitionen sowohl als Datensatz- als auch als Textdateien vorliegen, entfällt dieser erste Schritt in diesem Beispiel. Wollen Sie jedoch eine selbsterstellte Definition exportieren, verwenden Sie bitte den Menüpunkt »Speichern als Textdatei« im Menü »Datei«, wie in Abschnitt 2.1.17.2 beschrieben. In jedem Fall verlassen Sie bitte *Sokrataris* (vgl. dazu Abschnitt 2.1.18) und starten das Textverarbeitungsprogramm.

In diesem Beispiel wird als Textverarbeitungsprogramm *Microsoft Word* verwendet. Unabhängig davon, welches Textverarbeitungsprogramm Sie benutzen, können Sie die als Textdatei gespeicherte Definition wie jede andere Textdatei in das Textverarbeitungsprogramm laden. Bild 39 zeigt einen Bildschirmausdruck des Textverarbeitungsprogramms *Mircosoft Word*, in das die Textdatei UMWMGMT.TXT geladen wurde.

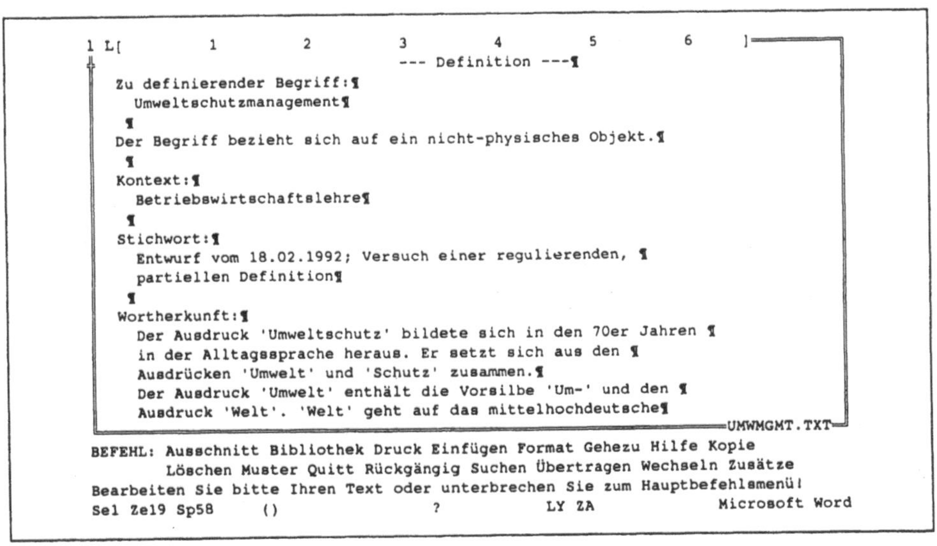

```
1 L[        1         2         3         4         5         6      ]
                               --- Definition ---¶
  Zu definierender Begriff:¶
    Umweltschutzmanagement¶
    ¶
  Der Begriff bezieht sich auf ein nicht-physisches Objekt.¶
    ¶
  Kontext:¶
    Betriebswirtschaftslehre¶
    ¶
  Stichwort:¶
    Entwurf vom 18.02.1992; Versuch einer regulierenden, ¶
    partiellen Definition¶
    ¶
  Wortherkunft:¶
    Der Ausdruck 'Umweltschutz' bildete sich in den 70er Jahren ¶
    in der Alltagssprache heraus. Er setzt sich aus den ¶
    Ausdrücken 'Umwelt' und 'Schutz' zusammen.¶
    Der Ausdruck 'Umwelt' enthält die Vorsilbe 'Um-' und den ¶
    Ausdruck 'Welt'. 'Welt' geht auf das mittelhochdeutsche¶
                                                     UMWMGMT.TXT
BEFEHL: Ausschnitt Bibliothek Druck Einfügen Format Gehezu Hilfe Kopie
        Löschen Muster Quitt Rückgängig Suchen Übertragen Wechseln Zusätze
Bearbeiten Sie bitte Ihren Text oder unterbrechen Sie zum Hauptbefehlsmenü!
Sel Ze19 Sp58     ()               ?            LY ZA            Microsoft Word
```

Bild 39: Die Textdatei UMWMGMT.TXT wurde in Microsoft Word geladen

Der Texteditor von *Sokrataris* setzt an jedem Zeilenende einen Zeilenumbruch. Falls das von Ihnen verwendete Textverarbeitungsprogramm innerhalb der Absätze mit automatischem Zeilenumbruch arbeitet (wie beispielsweise *Microsoft Word*), kann es empfehlenswert sein, diese Zeilenumbruchzeichen innerhalb der Absätze zu löschen. Bei *Microsoft Word* können Sie dazu den Befehl 'Wechseln' verwenden; Näheres ist in Abschnitt 10.10 des Handbuches zu *Microsoft Word*, Version 5.0, beschrieben.

Im übrigen können Sie eine mit *Sokrataris* erstellte Textdatei in jedem Textverarbeitungsprogramm wie gewohnt bearbeiten; insbesondere kann sie in andere Textdateien eingebunden werden. Nach der Bearbeitung wird die Datei als *formatierte* Textdatei gespeichert. Die Formatierung ist dabei vom verwendeten Textverarbeitungsprogramm abhängig; bei *Microsoft Word* wird die Datei im 'Word-Format' gespeichert.

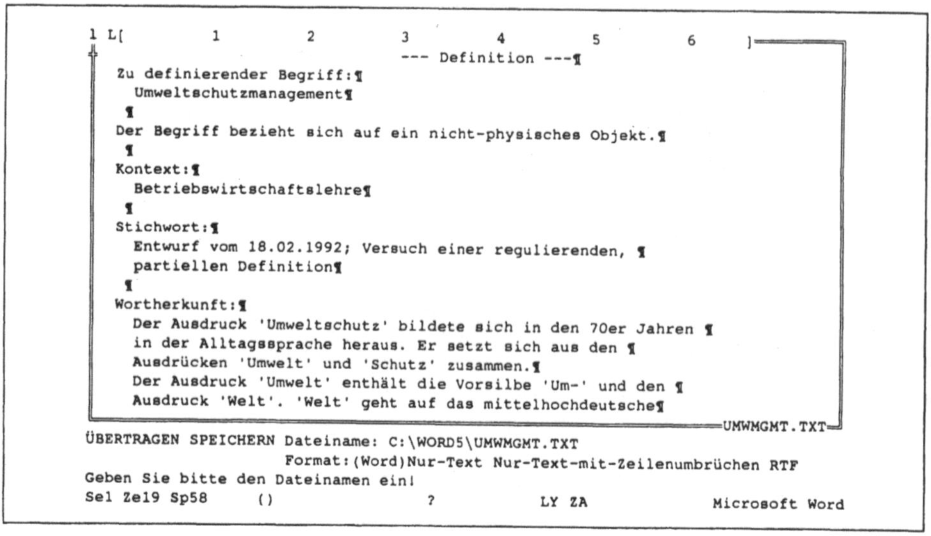

Bild 40: Nach der Bearbeitung wird der Definitionstext als formatierte Textdatei gespeichert

2.2.5 Die Funktionen des Texteditors von *Sokrataris*

Mit dem Texteditor von *Sokrataris* arbeiten Sie immer dann, wenn Sie Text in ein mehrzeiliges Eingabefeld eingeben. Die meisten Dialogboxen zu den Definitionskriterien enthalten ein mehrzeiliges Eingabefeld.

Der Texteditor bietet folgende Funktionen:

- <u>Umschalten zwischen Einfüge- und Überschreibmodus</u>
  - nur mit der Tastatur: Drücken Sie die Taste <Einf>, um zwischen dem Einfüge- und Überschreibmodus umzuschalten.

- <u>rasches Positionieren des Cursors</u>
  - mit der Maus: Klicken Sie auf die Stelle, an die der Cursor positioniert werden soll. Der Cursor springt auf die angeklickte Stelle.
  - mit der Tastatur: Tastaturbelegung:

<Pos 1>	Zeilenanfang
<Ende>	Zeilenende
<↑>	Zeile aufwärts
<↓>	Zeile abwärts
<→>	Spalte nach rechts
<←>	Spalte nach links
<Strg> - <→>	Wort nach rechts
<Strg> - <←>	Wort nach links
<Bild ↑>	Seite aufwärts
<Bild ↓>	Seite abwärts
<Strg>-<Bild ↑>	Textanfang
<Strg>-<Bild ↓>	Textende

- <u>Löschen und Einfügen</u>
  - nur mit der Tastatur: Tastaturbelegung:

<Enter>	Zeile einfügen
<Entf>	Zeichen an Cursorposition löschen
<Backspace>	Zeichen vor Cursorposition löschen
<Strg>-<W>	Wort löschen
<Strg>-<Z>	Zeile löschen

- <u>Löschen, Kopieren und Einfügen von Textblöcken</u>

  Markieren des zu bearbeitenden Textblockes
  - mit der Maus: Linke Maustaste gedrückt halten, Cursor mit der Maus vom Anfang zum Ende des Textblocks bewegen.
  - mit der Tastatur: <Shift>-Taste gedrückt halten oder <Strg>-<K>, <Strg>-<M> drücken, Cursor mit den Pfeiltasten <→>, <←>, <↑>, <↓> vom Anfang zum Ende des Textblockes bewegen.

Bearbeiten des Textblockes

- nur mit der Tastatur: <Entf>, um den Textblock zu löschen;

<Strg>-<K>, <Strg>-<K>, um den Textblock auf das Klemmbrett zu kopieren;

<Strg>-<K>, <Strg>-<L>, um den Textblock aus dem Text auszuschneiden und auf dem Klemmbrett abzulegen;

<Strg>-<K>, <Strg>-<E>, um einen Textblock vom Klemmbrett in das Eingabefeld einzufügen.

- <u>Rückgängigmachen der letzten Änderung</u>

  - nur mit der Tastatur: <Strg>-<R> Rückgängig

- <u>Automatischer Zeilenvorschub</u>

  - nur mit der Tastatur: <Strg>-<A> Zeilenvorschub an/aus

Der automatische Zeilenvorschub (nach 60 Zeichen/Zeile) ist in der Voreinstellung eingeschaltet.

- <u>Automatisches Einrücken</u>

  - nur mit der Tastatur: <Strg>-<E> Einrücken an/aus

Das automatische Einrücken ist in der Voreinstellung ausgeschaltet.

3 Erkenntnistheoretische Grundlagen

> Erkenntnisfortschritt besteht im wesentlichen
> im Fortschreiten von Problemen
> zu tieferen Problemen.
>
> *Karl Popper*

3 Erkenntnistheoretische Grundlagen

"Learning by Doing", die praktische Anwendung von *Sokrataris*, stand im Mittelpunkt des Kapitels 2. Der inzwischen mit dem Programm vertraute Leser wird sich nun möglicherweise etwas tiefer in die Grundlagen der Definitionslehre eindenken wollen.

Definitionen von Begriffen bilden eine zentrale Aussagenkategorie innerhalb einer Wissenschaft; sie liegen deduktiven und empirischen Aussagen zugrunde. Ein Beispiel zu einer empirischen Aussage: 50% aller Führungskräfte in bundesdeutschen Unternehmen bevorzugen *Optinvest*, 30% wählen *Pessinvest*, und die restlichen 20% sind unentschieden. Eine sinnlose Aussage, ohne jeglichen Gehalt? Zunächst einmal sei dem Leser zugestimmt, denn die Begriffe *Optinvest* und *Pessinvest* sind nicht eingeführt. Die Aussage erschließt sich dem Leser erst, wenn die *Bedeutung* von *Optinvest* und *Pessinvest* offengelegt wird:

- *Optinvest* sind Investitionen mit einem internen Zinsfuß von 15% und mehr, bei denen die Einnahmenreihe optimistisch geschätzt wurde.
- *Pessinvest* sind Investitionen mit einem internen Zinsfuß von 11% und mehr, bei denen die Einnahmenreihe pessimistisch geschätzt wurde.

Definitionen nehmen auch in der Erkenntnistheorie eine zentrale Stellung ein. Im folgenden stehen zunächst *Begriffe* im Mittelpunkt, für die es einen sprachlichen Ausdruck (*Optinvest*) gibt, die sich auf bestimmte Objekte (*Investitionsvorhaben in der Unternehmenspraxis*) beziehen und die im menschlichen Bewußtsein mit einer bestimmten Bedeutung verknüpft sind (Abschnitt 3.1). Sodann geht es um *Definitionen* (Abschnitt 3.2), und es wird beispielsweise geklärt, warum in einer Diplomarbeit weit häufiger *feststellende* Definitionen im Gegensatz zu *festsetzenden* Definitionen zu finden sind und welche Fehler beim Definieren auftreten können.

3.1 Über Begriffe

Begriffe bilden die Grundlage menschlichen Denkens. Sie umfassen drei Merkmale (vgl. Stegmüller 1980, S. 61; vgl. Haller/Grassl 1980, S. 49):

- Für jeden Begriff existiert ein *sprachlicher Ausdruck*. *Optinvest* und *Pessinvest* aus dem eingangs angeführten Beispiel sind solche Ausdrücke. Man kann sie lesen und schreiben, hören und sprechen.
- Ein sprachlicher Ausdruck alleine ist aber noch kein Begriff: Erst, wenn *Optinvest* und *Pessinvest* in unserem Bewußtsein mit einer *Bedeutung* verknüpft werden (d. h. mit *Investi-*

tionen mit einem internen Zinsfuß von 15% [bzw. 11%] und mehr, bei denen die Einnahmenreihe optimistisch [bzw. pessimistisch] geschätzt wurde), kann man

- eine *Beziehung zu Objekten aus der "Wirklichkeit"* herstellen (d.h. zu *Investitionsvorhaben in der Unternehmenspraxis*).

Sprachlicher Ausdruck, *Bedeutungsverknüpfung* und *Wirklichkeitsbezug* verschmelzen zu einem Ganzen. Dieses Ganze ist ein *Begriff* (vgl. Bild 41). Die Begriffswelt des Menschen bildet jedoch nicht bloß die "Wirklichkeit" ab, sondern ist "über" der "Wirklichkeit" aufgespannt und nur an bestimmten Stellen in ihr verankert (vgl. Esser/Klenovits/Zehnpfennig 1977, S. 61 - 62). Den *Kommunismus im Endzustand* etwa hat noch kein Mensch erlebt, und doch hatten *Marx*, *Lenin* und einige andere wohl eine (persönliche) Vorstellung davon.

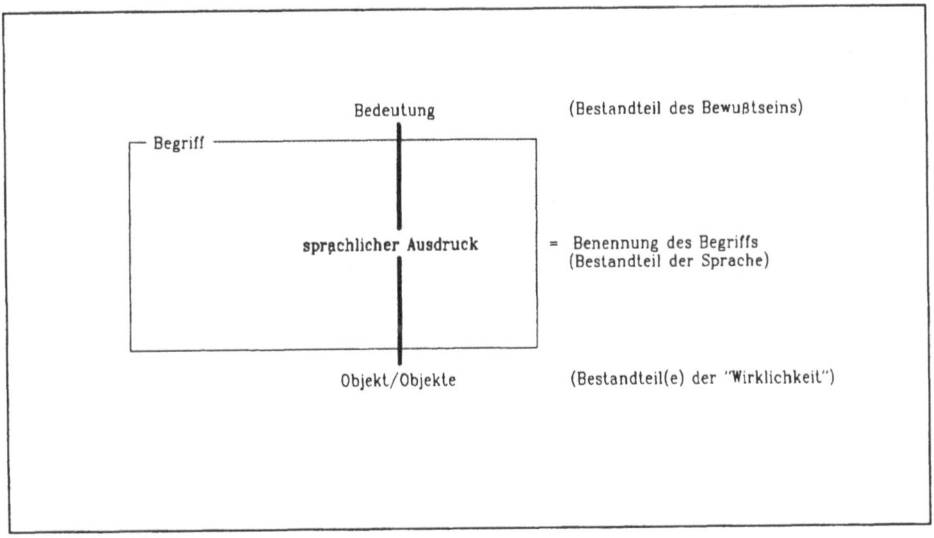

Bild 41: Der Begriff

Dieser Einblick vermittelt bereits das Wesentliche des erkenntnistheoretischen Terminus *Begriff*. In den folgenden Abschnitten werden für den interessierten Leser

- die Termini *sprachlicher Ausdruck*, *Objekt* und *Bedeutung* ausführlicher erläutert und
- die Beziehung zwischen *sprachlichen Ausdrücken*, *Objekten* und *Bedeutungen* näher betrachtet (Abschnitt 3.1.1);
- *Individual-* und *Klassenbegriffe* unterschieden (Abschnitt 3.1.2) sowie
- *Intension* und *Extension* als die beiden Façetten eines Begriffs vorgestellt (Abschnitt 3.1.3).

3.1.1 Sprachliche Ausdrücke, Objekte und Bedeutungen

Unter einem *sprachlichen Ausdruck* versteht man einzelne Wörter (*Gewinn*, *Glück*) und Wortverbindungen (*die Moral der Politiker*, *die Geschichte Japans*) (vgl. Merk 1985, S. 12). Der sprachliche Ausdruck für einen Begriff wird auch als die *Benennung* des Begriffs bezeichnet. In der Alltagssprache wird häufig von einem *Begriff* gesprochen, wenn eigentlich nur der *sprachliche Ausdruck* des Begriffs gemeint ist.

Alle *Bestandteile der "Wirklichkeit"* sind *Objekte*. Als "Wirklichkeit" erlebt der Mensch die Gesamtheit der Umwelterscheinungen, die er zum Gegenstand seiner Wahrnehmung und seines Denkens macht. Eine einzelne solche Umwelterscheinung wird im folgenden als *Objekt* bezeichnet. Ein *Objekt* kann demnach ein Ding, ein Sachverhalt, ein Vorgang oder ein Zustand sein.

Der *Bedeutung* eines Begriffes entspricht (etwas vereinfacht) die *Vorstellung*, die der Mensch mit dem Begriff verbindet und die Bestandteil seines Bewußtseins ist.

Die Beziehung zwischen *sprachlichen Ausdrücken* und *Bedeutungen* ist nicht eindeutig. Es handelt sich vielmehr um eine n:m-Beziehung, wie die Existenz von *Homonymen* und *Synonymen* zeigt (vgl. Merk 1985, S. 17 - 18).

- Ein *Homonym* ist ein sprachlicher Ausdruck, der mehrere Bedeutungen hat. Das Wort *Bank* etwa hat (mindestens) zwei verschiedene Bedeutungen, die in verschiedenen Kontexten gelten: Entweder bedeutet *Bank* soviel wie *Kreditinstitut* oder soviel wie *Vorrichtung zum Sitzen für Mehrere.*
- *Synonyme* sind sprachliche Ausdrücke, die (zumindest beinahe) die gleiche Bedeutung haben: *Interdependenz* und *wechselseitige Abhängigkeit* etwa sind bedeutungsgleiche Ausdrücke.

3.1.2 Individualbegriffe und Klassenbegriffe

Nun sei die Beziehung zwischen *sprachlichen Ausdrücken* und *"Wirklichkeit"* näher betrachtet. In diesem Zusammenhang ist zwischen *Individual-* und *Klassenbegriffen* zu unterscheiden. Es ist zu klären: Wodurch ist festgelegt, auf welche Objekte sich ein gegebener sprachlicher Ausdruck bezieht?

Im einfachsten Falle bezieht sich ein sprachlicher Ausdruck auf genau ein Objekt. Das gilt für Eigennamen wie *Erich Gutenberg* oder *Siemens AG*, die genau eine Person oder einen Gegenstand bezeichnen. Das gilt auch für sprachliche Ausdrücke, die für sogenannte *natürliche Arten* wie Wasser oder Gold stehen. Diese Ausdrücke beziehen sich "in allen möglichen Welten" auf ein bestimmtes Objekt, unabhängig von der Vorstellung, die im menschlichen Bewußtsein mit einem dieser Ausdrücke verbunden sein mag (vgl. Haller/Grassl 1980, S. 53 - 54).

Sprachliche Ausdrücke wie Eigennamen und die Wörter, die natürliche Arten bezeichnen, stehen für sogenannte *Individualbegriffe*. Die Beziehung zwischen sprachlichem Ausdruck und Objekt ist in diesem Falle einfach darzustellen (vgl. Bild 42).

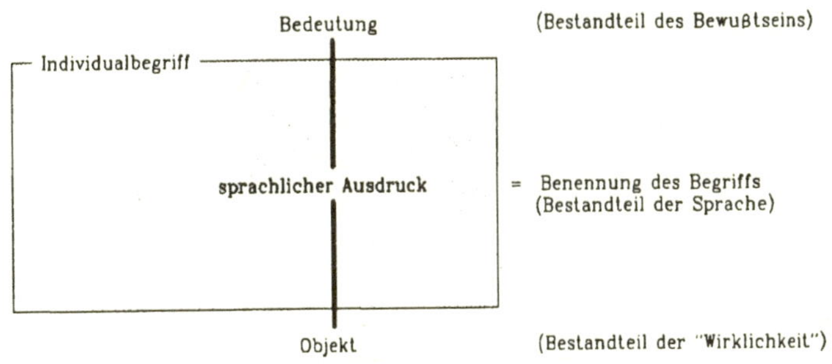

Bild 42: Der Individualbegriff

Im allgemeinen bezieht sich ein sprachlicher Ausdruck jedoch auf mehrere Objekte. In diesem Fall steht der Ausdruck für einen *Allgemeinbegriff* oder *Klassenbegriff*. Die Objekte, die in einem Klassenbegriff erfaßt sind, *stimmen in ihren wesentlichen Eigenschaften überein* (Thiel 1989, S. 9 - 10). Eine solche Menge gleichartiger Objekte bezeichnet man als *Objektklasse* (daher auch *Klassenbegriff*).

Es ist eine bedeutende Geistesleistung des Menschen, die unzähligen in der "Wirklichkeit" vorkommenden Objekte zu Objektklassen zusammenzufassen und die allen Objekten einer Objektklasse gemeinsamen Eigenschaften zu erkennen. Klassenbegriffe geben dem menschlichen Denken Struktur: Sie dienen der *Übersicht*, da in ihnen eine große Zahl von Umwelterscheinungen zusammengefaßt wird; sie dienen der *Unterscheidung*, indem sie die "charakteristischen" Eigenschaften der Objektklassen erfassen.

Ein Beispiel: Der Begriff *Aktie* bezieht sich auf eine Objektklasse, zu der alle Objekte gehören, denen folgende Eigenschaften gemein sind:

a) Sie sind Wertpapiere (Eigenschaft 1).
b) Sie verbriefen die durch Übernahme eines Anteils am Grundkapital erworbenen Rechte an einer Aktiengesellschaft oder einer Kommanditgesellschaft auf Aktien (Eigenschaft 2).

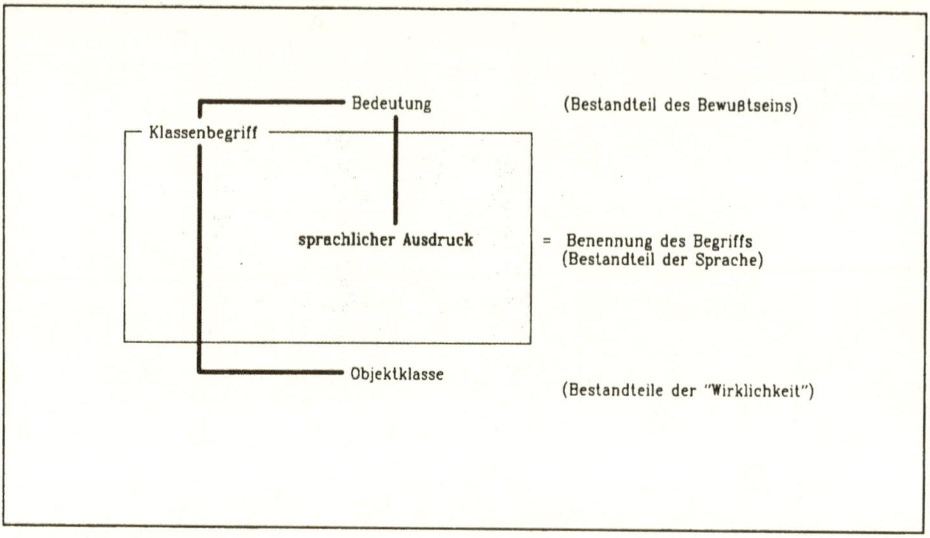

Bild 43: Der Klassenbegriff

3.1.3 Intension und Extension von Begriffen

Alle Objekte, die unter einen Begriff fallen, haben bestimmte Eigenschaften gemein. Das wurde im vorstehenden Abschnitt festgestellt. Diese gemeinsamen Eigenschaften nennt man auch die *(wesentlichen) Merkmale* des Begriffs; ihre Gesamtheit macht die *Intension* (in etwa den *Inhalt*) des Begriffs aus (vgl. Esser/Klenovits/Zehnpfennig 1977, S. 65; Thiel 1989, S. 9 - 12). Innerhalb der Intension eines Begriffs unterscheidet man zwischen dem Hauptmerkmal *A* und den Nebenmerkmalen *b, c, d, (...). b* nennt man das *nähere, c, d, (...)* die *entfernteren* Merkmale (vgl. Merk 1985, S. 13).

Die Frage nach der Intension eines Begriffes ist die Frage nach den in ihm erfaßten Merkmalen. In dem Begriff *Aktie* beispielsweise sind die beiden Merkmale *"ist ein Wertpapier"* und *"verbrieft durch Übernahme eines Anteils am Grundkapital erworbene Rechte"* erfaßt; sie bilden die Intension des Begriffes *Aktie*.

Einen Begriff von etwas haben, heißt soviel wie: es von anderem unterscheiden können (vgl. Thiel 1989, S. 10). Dazu vergleicht man die Merkmale des Begriffs mit den Eigenschaften des betrachteten Objekts. Aufgrund dieses Vergleichs läßt sich entscheiden, ob das Objekt unter den Begriff fällt, ob also das Objekt im Begriff erfaßt ist.

Diese Überlegung führt von der *Intension* eines Begriffs - der Gesamtheit der in ihm erfaßten Merkmale - zur *Extension* eines Begriffes. Etwas vereinfacht versteht man darunter die Menge aller Objekte, die unter einen Begriff fallen (vgl. Esser/Klenovits/Zehnpfennig 1977, S. 63). Die

Extension des Begriffs *Aktie* ist die Menge aller Aktien, die in der Vergangenheit in Umlauf waren, aller Aktien, die heute in Umlauf sind, und aller Aktien, die jemals ausgegeben werden werden. Die Extensionen von Klassenbegriffen sind oft derart "unübersehbar" große Mengen. Die Extensionen von Individualbegriffen hingegen (vgl. oben) enthalten genau ein Objekt. Und schließlich gibt es Begriffe, deren Extension leer ist: *Pegasus* und *Schlaraffenland* sind Beispiele für sprachliche Ausdrücke, denen eine Bedeutung zukommt (die also Begriffe sind), die jedoch keine Entsprechung in der "Wirklichkeit" haben (vgl. Esser/Klenovits/Zehnpfennig 1977, S. 65).

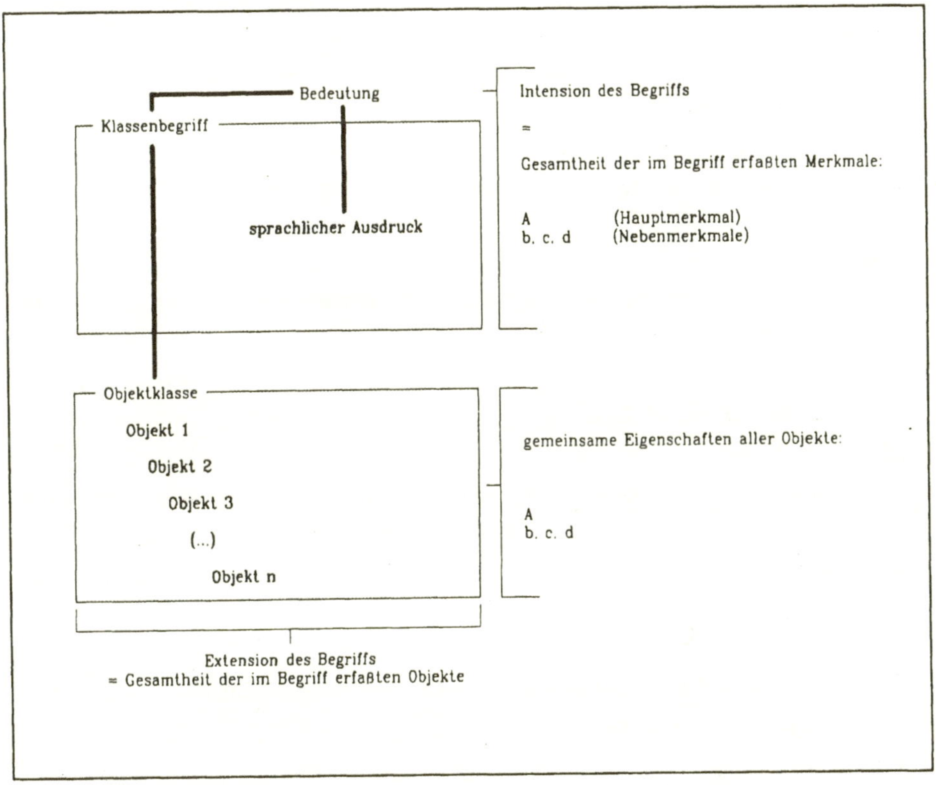

Bild 44: Intension und Extension eines Begriffs

3.2 Zum Definieren

Begriffe und Definitionen hängen eng zusammen: Durch das Definieren wird einem sprachlichen Ausdruck eine Bedeutung zugeordnet (vgl. Radnitzky 1989, S. 27). Dem Leser soll eine Vorstellung vom Inhalt des zu definierenden Begriffs vermittelt werden, das ist der Zweck einer Definition.

Zur Definition eines Begriffes können verschiedene Kriterien angewandt werden:

- Im einfachsten Falle kann man den zu definierenden Begriff durch Angabe eines unmittelbar verständlichen, bedeutungsgleichen Ausdrucks erklären.

  Beispiel:

  > Den *Break-Even-Punkt* bezeichnet man auch als die *Gewinnschwelle.*

- Häufig gibt man auch einen Oberbegriff des zu definierenden Begriffes an und nennt zusätzlich die Merkmale, die den zu definierenden Begriff von dem Oberbegriff unterscheiden.

  Beispiel:

  > Ein *Oligopol* ist eine Marktform, bei der auf der Anbieterseite nur wenige große Verkäufer auftreten.

- In manchen Fällen wird man einen Begriff durch Angaben zu bestimmten anderen Definitionskriterien besonders einleuchtend definieren können, etwa durch Angabe des Zwecks, zu dem etwas dient, oder anhand der Formel, nach der es berechnet wird.

  Beispiel:

  > Ein *Kartell* bezweckt die Beschränkung des Wettbewerbs zugunsten der beteiligten Unternehmungen.

- Ein einfaches Mittel der (unvollständigen) Definition ist die Angabe von Beispielen, die unter den zu definierenden Begriff fallen.

  Beispiel:

  > Zu den *Personengesellschaften* zählen u. a. die *Gesellschaft bürgerlichen Rechts (GdbR)* und die *Offene Handelsgesellschaft (OHG).*

Insgesamt gibt es eine Fülle unterschiedlicher Definitionskriterien; 17 davon wurden in das Kriterienraster von *Sokrataris* aufgenommen (vgl. Abschnitt 4.4). Die Auswahl von geeigneten Definitionskriterien gehört zu den Aufgaben des Autors einer wissenschaftlichen Arbeit:

- Einerseits kann man sich auf wenige, zentrale Definitionskriterien beschränken; so entsteht eine knappe und prägnante Definition.

- Andererseits kann man viele verschiedene Aspekte eines Begriffs betrachten; dann entsteht eine umfassende Definition, vergleichbar den Stichwortaufsätzen in lexikalischen Werken.

Das bisher Gesagte wird in vielen Fällen als Grundlage zum Erarbeiten eigener Definitonen ausreichen. Die folgenden Abschnitte enthalten für den interessierten Leser eingehendere Erläuterungen zu sieben Aspekten:

- Die Definition wird als *Aussagenkategorie innerhalb von Wissenschaftssystemen* eingeführt (Abschnitt 3.2.1).
- *Bestandteile* einer Definition werden genannt (Abschnitt 3.2.2).

- *Zwecke* (Abschnitt 3.2.3) und
- *Mittel* des Definierens werden erörtert und
- *verschiedene Arten* von Definitionen vorgestellt (Abschnitte 3.2.4 und 3.2.5).
- Schließlich werden häufig auftretende *Fehler beim Definieren* besprochen (Abschnitt 3.2.6) und
- *methodische Hinweise* zum Erarbeiten von Definitionen gegeben (Abschnitt 3.2.7).

Die Ausführungen basieren auf einer Definition des Begriffes *Definition*, die bei der Konzeption von *Sokrataris* zugrundegelegt wurde (vgl. dazu den Beispiel-Datensatz DEFINIT.SOK). Diese Definition wurde anhand des für *Sokrataris* entwickelten Kriterienrasters zunächst grob entworfen und im Laufe der Entwicklungsarbeit an *Sokrataris* schrittweise verfeinert.

3.2.1 Die Definition: Eine Aussagenkategorie innerhalb von Wissenschaftssystemen

Die Definition im hier betrachteten Sinne zählt zu den Aussagenkategorien innerhalb eines Wissenschaftssystems. Daneben gibt es weitere Aussagenkategorien, nämlich wertfreie Aussagen und Werturteile (vgl. Raffée 1974, S. 26 - 64). Die drei Aussagenkategorien unterscheiden sich hinsichtlich ihrer logischen oder empirischen Überprüfbarkeit und hinsichtlich des Einflusses, den ethische Werte und Prinzipien ("Du sollst ...") auf sie haben. Definitionen, die einen bestimmten Sprachgebrauch vorschlagen, sind nicht 'wahrheitsfähig', d.h. sie sind weder wahr noch falsch (vgl. aber auch Abschnitt 3.2.4). Wertfreie Aussagen hingegen sind entweder logisch oder empirisch überprüfbar und - wenn auch nicht beweisbar - so doch zumindest widerlegbar. Im Unterschied zu Werturteilen enthält eine Definition üblicherweise keine normativen Elemente; allerdings ist die Grenze zwischen diesen beiden Aussagenkategorien fließend.

3.2.2 Bestandteile einer Definition

Betrachtet sei folgendes Beispiel einer Definition:

> "Operations Research ist die Anwendung von mathematischen Methoden zur Vorbereitung optimaler Entscheidungen" (vgl. Müller-Merbach 1973, S. 1).

Der Begriff, dessen Bedeutung angegeben werden soll, ist das *Definiendum* (der zu definierende Begriff). Im Beispiel ist der Begriff *Operations Research* das Definiendum.

Der Begriff oder die Begriffe, durch die das Definiendum erklärt wird, bilden das *Definiens* (den definierenden Begriff). Im Beispiel ist das Definiens die *Anwendung von mathematischen Methoden zur Vorbereitung optimaler Entscheidungen*.

Definiendum und Definiens sollen einander äquivalent, das eine also durch das andere ersetzbar sein. Daher werden sie in der Definition gleichgesetzt. Den gleichsetzenden sprachlichen Ausdruck nennt man *Kopula*. Die Kopula ist in der oben genannten Definition das Wort *ist*.

3.2.3 Zwecke einer Definition

Eine Definition hat einen praktischen Zweck: Sie dient der *Verständigung zwischen Autor und Leser.* Eine Definition soll im Bewußtsein des Lesers eine Vorstellung von bestimmtem Inhalt hervorrufen. Dieser Absicht ist alles unterzuordnen; insbesondere sind möglichst einfache Mittel der Definition zu verwenden (vgl. Merk 1985, S. 19, und Radnitzky 1989, S. 27).

Aus dem übergeordneten Zweck der Verständigung lassen sich drei Zwecke ableiten, die durch Definitionen unterschiedlichen Charakters erfüllt werden (vgl. Pawlowski 1980, S. 16 und S. 18 - 31, und Dubislav 1931, S. 2 und S. 17 - 27):

- Eine *festsetzende Definition* verleiht einem (neuen oder bekannten) sprachlichen Ausdruck eine bestimmte, neue Bedeutung. Auf diese Weise wird eine Sprache um neue Begriffe bereichert.

  Beispiele:

  > Die Einführung des Begriffes *Stagflation* (Zusammentreffen von wirtschaftlicher Stagnation und Inflation der Währung: Trotz rückläufiger Nachfrage steigt das Preisniveau) in der Sprache der Wirtschaftswissenschaften. In den siebziger Jahren wurde für eine neue volkswirtschaftliche Entwicklung (d.h. für eine neue Bedeutung) ein neuer sprachlicher Ausdruck geprägt.
  >
  > Die Definition des Begriffes *Spiel* in der Spieltheorie, einem Teilgebiet des Operations Research. Dabei wurde einem bekannten Ausdruck eine neue Bedeutung gegeben.

- Eine *feststellende Definition* hält die Bedeutung fest, in der ein Ausdruck in einer bestimmten Sprache und in einem bestimmten Zusammenhang (Kontext) gebraucht wird. Die feststellende Definition wird auch als *meaning analysis* bezeichnet.

  Beispiel:

  > Die Analyse der unterschiedlichen Bedeutungen, die in der Kosten- und Leistungsrechnung, im Handels- und im Steuerrecht mit dem Ausdruck *Abschreibungen* verknüpft werden.

- Zwischen diesen beiden Extremen - der Festsetzung einer neuen Bedeutung für einen (neuen) Ausdruck und der Wiedergabe der Bedeutung eines (bekannten) Ausdrucks - liegt die *regulierende Definition.* Eine regulierende Definition hält sich teilweise an die Bedeutung, die ein Begriff in einer Sprache bereits hat, präzisiert diese jedoch, etwa um die Menge der unter den Begriff fallenden Objekte schärfer einzugrenzen und den Begriff so für wissenschaftliche Zwecke brauchbar zu machen.

  Beispiel:

  > Die betriebswirtschaftliche Präzisierung des Begriffes *Kapital*, der auch in der Alltagssprache - in weniger klar umrissener Bedeutung - verwendet wird.

3.2.4 Festsetzende, feststellende und regulierende Definitionen

Die gerade eingeführte Unterscheidung zwischen *festsetzenden, feststellenden* und *regulierenden* Definitionen ist von grundlegender Bedeutung für den wissenschaftlich Arbeitenden. Während die feststellende Definition der Informationsökonomie dient, faßt die feststellende Definition bestehende Konventionen wissenschaftlichen Sprachgebrauchs zusammen, und durch die regulierende Definition wird ein unscharfer Begriff präzisiert.

Festsetzende Definitionen dienen der Informationsökonomie: Sie sollen die *Kosten* des Informationsaustauschs senken. Sie schlagen einen bestimmten Sprachgebrauch, eine sprachliche Konvention vor. Als Vorschläge können sie nicht "wahr" oder "'falsch", sondern nur mehr oder minder zweckmäßig sein. Das wird anhand des folgenden Beispiels deutlich: Ist eine Wortverbindung zur Bezeichnung einer Bedeutung so lang geworden, daß sie unbequem oder nicht mehr praktisch handhabbar ist, liegt es nahe, sie durch einen kürzeren Ausdruck zu ersetzen (vgl. Radnitzky 1989, S. 27). Beispielsweise wurde in der Investitionstheorie für die *Diskontierung von in der Zukunft liegenden Erträgen auf den Berechnungszeitpunkt mit Hilfe eines Abzinsungsfaktors* der Begriff *Kapitalisierung* eingeführt. Hier wird mit nur einem Wort eine Bedeutung vermittelt, die zuvor wortreich umschrieben werden mußte.

Feststellende Definitionen dienen dem Überblick über bestehende Konventionen z.B. des wissenschaftlichen Sprachgebrauchs. Ihnen liegt eine Analyse der in einem bestimmten Kontext üblichen Begriffsverwendung zugrunde, etwa: Was verstand Erich Gutenberg unter dem Begriff *Produktionsfaktor*? Wie wird in den verschiedenen Bilanztheorien die *Kapitalerhaltung* definiert? Die Antwort auf diese Fragen geben feststellende Definitionen. Als Aussagen über Beobachtungen können sie (mehr oder weniger) "wahr" oder "falsch" sein (vgl. Radnitzky 1989, S. 29 - 30), sind sind also ähnlich wie empirische Aussagen durchaus *wahrheitsfähig*.

Durch eine *regulierende Definition* soll ein zuvor vager und mehrdeutiger Begriff genau bestimmt werden, um ihn wissenschaftlich verwendbar zu machen. Für die wissenschaftliche Arbeit werden Begriffe benötigt, deren Intension und Extension eindeutig bestimmt ist. In formalen Sprachen wie der der Mathematik ist das stets gegeben. In den natürlichen Sprachen hingegen, derer sich die Wirtschaftswissenschaften bedienen, sind die Begriffe oft mehr oder minder unscharf umrissen. Natürliche Sprachen weisen im Hinblick auf ihre wissenschaftliche Verwendung zwei erhebliche Mängel auf: Ihre Ausdrücke sind oft *vage*, und oft sind sie auch *mehrdeutig*. Darunter ist folgendes zu verstehen:

- Ein Begriff ist *vage*, wenn seine Extension unscharf abgegrenzt ist. Das heißt: Es ist nicht klar, welche Objekte unter ihn fallen, und welche nicht.

Beispiel:

> Der Begriff *hochverzinsliche Wertpapiere* ist in der Alltagssprache vage. Wertpapiere, die eine Verzinsung von 25% p. a. aufweisen, werden im allgemeinen zu den hochverzinslichen Wertpapieren gezählt; jedoch besteht keine einhellige Meinung darüber, ob ein Pfandbrief mit einer Verzinsung von 9% ebenfalls unter diesen Begriff fällt.

- Ein Ausdruck ist *mehrdeutig*, wenn er in einer bestimmten Sprache mehrere Intensionen hat, wenn also unterschiedliche Bedeutungen mit ihm verbunden werden.

  Beispiel:

  > Der Ausdruck *Ergebnis* ist in der Alltagssprache mehrdeutig: *Ergebnis* kann hier *Erfolg*, *Resultat*, *Ertrag*, aber auch *Folge* oder (im Zusammenhang mit Rechenaufgaben) *Lösung* bedeuten.

Durch regulierende Definitionen sollen Extension und Intension zuvor vager und mehrdeutiger Begriffe genau bestimmt werden. Erst durch diese Präzisierung werden Begriffe wissenschaftlich verwendbar:

> In einer Vorlesung über Wertpapieranalyse könnten beispielsweise alle Wertpapiere, die eine Verzinsung von 20% und mehr aufweisen, als *hochverzinsliche Wertpapiere* bezeichnet werden.
>
> In der Terminologie des Rechnungswesens ist der Begriff *Ergebnis* im Sinne von *Betriebsergebnis* eindeutig definiert: Das Betriebsergebnis ergibt sich aus der Differenz zwischen Leistungen und Kosten einer Abrechnungsperiode.

Die regulierende Definition vereint Elemente der festsetzenden und feststellenden Definition. Ihre festsetzenden Elemente sind unter dem Gesichtspunkt der *Zweckmäßigkeit* zu wählen, während ihre feststellenden Elemente "wahr" oder "falsch" sein können, also *wahrheitsfähig* sind. In vielen Diplomarbeiten werden eher *feststellende* und *regulierende* Definitionen im Vordergrund stehen, denn in der Regel bauen solche Arbeiten auf bestehenden Ansätzen und auf bestehenden Begriffswelten auf. *Festsetzende* Definitionen werden eher bei originären wissenschaftlichen Arbeiten eingeführt; z. B. hat *Riebel* im Rahmen seiner Arbeiten zur Kosten- und Leistungsrechnung den Begriff der *relativen Einzelkosten* geprägt (vgl. Riebel 1985, S. 60 - 66 und S. 149 - 175).

3.2.5 Arten von Definitionen; Mittel der Definition

In den vorstehenden Abschnitten wurden die Zwecke von Definitionen besprochen. Um diese Zwecke zu erreichen, lassen sich verschiedene Mittel einsetzen. Im Hinblick auf das eingesetzte

Mittel werden drei Arten von Definitionen unterschieden (vgl. Pawlowski 1980, S. 31; vgl. Gabriel 1980a, S. 439; vgl. Radermacher 1978c, Sp. 113 - 115):

- Extensionale Definition:

  Man zählt die Individualbegriffe auf, die dem zu definierenden Begriff untergeordnet sind. Dabei steht jeder Individualbegriff für ein Objekt, das unter den zu definierenden Begriff fällt.

  Beispiel:

  > "Unter die *allgemein problemorientierten Programmiersprachen für kaufmännische Anwendungen* fallen *COBOL* (Common Business Oriented Language) und *PL/1* (Programming Language No. 1)."

- Nominaldefinition:

  Man ersetzt den zu definierenden Begriff durch ein Synonym, dessen Bedeutung dem Leser bekannt ist.

  Beispiel:

  > "Unter *Imponderabilien* versteht man Einflüsse von unberechenbarer Wirkung."

- Intensionale Definition:

  Man gibt die wesentlichen Merkmale des zu definierenden Begriffs an. Als *wesentliche Merkmale* des Begriffes bezeichnet man die gemeinsamen Eigenschaften aller unter ihn fallenden Objekte.

  Beispiel:

  > "Eine *Unternehmung* ist eine technische, soziale und wirtschaftliche Einheit zum Zweck der Fremdbedarfsdeckung, mit selbständigen Entscheidungen und eigenen Risiken" (vgl. Bea/Dichtl/Schweitzer 1985, S. 5.).

Das breit angelegte Kriterienraster von *Sokrataris* bietet die Möglichkeit, jedes dieser Definitionsmittel einzusetzen:

- Die extensionale Definition im Kriterienraster von *Sokrataris*:

  Die aufzuzählenden Individualbegriffe sind zugleich *Unterbegriffe* des zu definierenden Begriffs, und zwar auf der untersten Stufe der Begriffspyramide. Sie sind also unter dem Definitionskriterium *»Unterbegriffe«* anzugeben. Man kann eine extensionale Definition als Ergebnis einer logischen Einteilung des zu definierenden Begriffes betrachten: Wird sie bis auf die unterste Stufe der Begriffspyramide fortgesetzt, so gelangt man zu den Individualbegriffen (vgl. Gabriel 1980a, S. 441).

- Die Nominaldefinition im Kriterienraster von *Sokrataris*:

  Eine Nominaldefinition erfordert Angaben zu nur einem Definitionskriterium: Unter *»Bedeutungsgleiche Ausdrücke«* ist ein Synonym des zu definierenden Begriffs anzugeben.

- Die intensionale Definition im Kriterienraster von *Sokrataris*:

  In den meisten Fällen jedoch wird man eine intensionale Definition erstellen, also die gemeinsamen Eigenschaften aller im Begriff erfaßten Objekte nennen. Mit Ausnahme der Definitionskriterien *»Unterbegriffe«* und *»Bedeutungsgleiche Ausdrücke«* sind alle im Menü »Definition« angebotenen Kriterien Mittel der intensionalen Definition.

Ein Sonderfall der intensionalen Definition ist die *Realdefinition* nach traditionellem philosophischem Verständnis. In einer Realdefinition ist der dem zu definierenden Begriff nächstübergeordnete Oberbegriff (Gattungsbegriff, *genus proximum*) anzugeben. Außerdem sind die Merkmale zu nennen, die den zu definierenden Begriff von anderen, ebenfalls diesem Oberbegriff untergeordneten Begriffen unterscheiden (artbildende Eigenschaften der im Begriff erfaßten Objekte, *differentiae specificae;* vgl. Gabriel 1980a, S. 440, ferner Merk 1985, S. 22). Das oben genannte Beispiel einer intensionalen Definition ist eine solche Realdefinition:

> "Eine *Unternehmung* ist eine technische, soziale und wirtschaftliche Einheit zum Zweck der Fremdbedarfsdeckung, mit selbständigen Entscheidungen und eigenen Risiken" (vgl. Bea/Dichtl/Schweitzer 1985, S. 5.).

Als Oberbegriff zu *Unternehmung* wird hier *technische, soziale und wirtschaftliche Einheit* angegeben. Unter diesen Oberbegriff fällt beispielsweise auch der Begriff *Haushaltung*. Zur Unterscheidung zwischen *Unternehmung* und *Haushaltung* wird das Kriterium *»Zwecke«* herangezogen: Eine Unternehmung dient dem Zweck der Fremdbedarfsdeckung, ein Haushalt hingegen dem Zweck der Eigenbedarfsdeckung. Als weitere, alle Unternehmungen kennzeichnende Eigenschaft werden deren *selbständige Entscheidungen und eigene Risiken* genannt.

3.2.6 Häufige Fehler beim Definieren

Nicht jeder Entwurf einer Definition gelingt; die vier häufigsten Fehler werden hier besprochen.

Sowohl bei festsetzenden, feststellenden als auch bei regulierenden Definitionen können drei Fehler auftreten (zum folgenden vgl. Pawlowski 1980, S. 31 - 43, ferner Merk 1985, S. 23 - 24, Radermacher 1978c, Sp. 115, und Radnitzky 1989, S. 30):

- Zirkularität;
- Unklarheit;
- Widersprüchlichkeit.

Bei feststellenden Definitionen tritt manchmal ein weiterer Fehler auf:

- Inadäquatheit.

3.2.6.1 Fehler beim Definieren: Zirkularität

In einer zirkulären Definition wird ein Begriff (offensichtlich oder verdeckt) durch sich selbst "erklärt".

Beispiel:

> "*Absatzpolitik* ist die Gesamtheit der Maßnahmen, die auf die Absatzförderung abzielen."

Diese Definition enthält einen offensichtlichen Zirkel bezüglich des Begriffes *Absatz*.

Zirkularität ist ein häufig auftretender Fehler beim Definieren. Das liegt nicht zuletzt daran, daß er oft weniger leicht zu erkennen ist als in obigem Beispiel. Der Versuch, komplizierte Begriffe zu definieren, führt oft über mehrere "zwischengeschaltete" Begriffe (und deren Definitionen) auf "Umwegen" auf den ursprünglichen Begriff zurück. Solche Definitionen verfehlen ihren Zweck. So endeten beispielsweise *Hegels* (wohl etwas verfrühten) Versuche, *Elektrizität* und *Licht* (vollständig) zu definieren, in sprachlich pompösen, aber inhaltsleeren Definitionen (vgl. Radnitzky 1989, S. 30, unter Hinweis auf Hegel, G. W. F.: Sämtliche Werke, hrsg. von H. Glockner, 1927 - 1930, 1956 - 1959, Bd. 9).

3.2.6.2 Fehler beim Definieren: Unklarheit

In einer unklaren Definition wird ein Begriff mittels anderer, dem Leser (ebenfalls) unbekannter Begriffe erklärt.

Beispiel:

> "Ein *Modell* ist ein System, das aus einer beliebigen, nicht leeren Menge von Elementen besteht und aus einer endlichen Menge von Relationen, die über dieser Menge definiert sind."

Diese Definition führt den Begriff *Modell* auf die Begriffe *System*, *Element* und *Relation* zurück. Deren Kenntnis darf man bei den meisten Lesern jedoch nicht voraussetzen. Daher wird diese Definition für die meisten Leser ihren Zweck verfehlen: Eine Verständigung zwischen Autor und Leser der Definition wird nicht zustandekommen. Um diesem Fehler vorzubeugen, bietet *Sokrataris* das Kriterium »Querverweise«. Hier kann auf Definitionen der Begriffe verwiesen werden, auf die die gegenwärtig bearbeitete Definition aufbaut. Im oben genannten Beispiel wäre unter »Querverweise« auf Definitionen der Begriffe *System*, *Element* und *Relation* zu verweisen.

3.2.6.3 Fehler beim Definieren: Widersprüchlichkeit

Aus einer widersprüchlichen Definition lassen sich Paare von einander widersprechenden Sätzen ableiten. Der Widerspruch liegt dabei nicht in der Definition selbst; vielmehr ist die Definition die Quelle des Widerspruchs in einer Menge von Sätzen, die ein bestimmtes Wissensgebiet darstellen.

Beispiel:

> Das Kennzahlensystem nach *DuPont* sei als "Menge von Sätzen" über die Beziehung bestimmter Rechengrößen zueinander betrachtet. Eine Definition, die eine Kennzahl abweichend von den diesem Kennzahlensystem zugrundeliegenden algebraischen Beziehungen definiert, wäre Quelle eines Widerspruchs in diesem Kennzahlensystem.

3.2.6.4 Fehler beim Definieren: Inadäquatheit

Bei feststellenden Definitionen kann noch ein weiterer Fehler auftreten: Feststellende Definitionen können inadäquat sein. Bei einer inadäquaten Definition weicht die Extension des Definiens von der Extension des Definiendums ab.

Die beiden häufigsten Arten der inadäquaten Definition sind die zu weite und die zu enge Definition; ebenfalls inadäquat sind Definitionen, bei denen sich die Extension des Definiendum mit der des Definiens kreuzt.

- Zu weite Definition:
  Bei einer zu weiten Definition ist die Extension des Definiendums eine Teilmenge der Extension des Definiens.

  Beispiel:

  > "*Wirtschaften* ist planvolles Handeln."

  Als Aussage aufgefaßt, ist dieser Satz wahr. Faßt man ihn jedoch als Definition des Begriffes *Wirtschaften* auf, so handelt es sich um eine zu weite Definition: Auch Verschwendung kann durchaus mit planvollem Handeln einhergehen, offensichtlich jedoch mit einer dem Wirtschaften entgegengesetzten Zielsetzung. Eine adäquate Definition des Begriffes *Wirtschaften* lautet (vgl. Ahlert/Franz/Kaefer 1982, S. 1):

  > "*Wirtschaften* ist die planvolle Schaffung und Verwendung knapper Güter zum Zweck menschlicher Bedürfnisbefriedigung."

- Zu enge Definition:
  Bei einer zu engen Definition ist die Extension des Definiens eine Teilmenge der Extension des Definiendums.

  Beispiel:

  > "Als *Eigenfinanzierung* bezeichnet man die Deckung des Finanzbedarfs aus Einlagen bisheriger oder neuer Gesellschafter."

Diese Definition ist zu eng: Auch die Selbstfinanzierung aus nicht ausgeschütteten Gewinnanteilen ist eine Form der Eigenfinanzierung. Eine adäquate Definition des Begriffes 'Eigenfinanzierung' wäre demnach (vgl. Ahlert/Franz/Kaefer 1982, S. 137 - 140):

"Als *Eigenfinanzierung* bezeichnet man die Deckung des Finanzbedarfs
- aus Einlagen bisheriger Gesellschafter *(Einlagenfinanzierung),*
- aus Einlagen neuer Gesellschafter *(Beteiligungsfinanzierung),*
- aus nicht ausgeschütteten Gewinnanteilen *(Selbstfinanzierung)."*

- Definitionen, bei denen sich die Extension des Definiendum mit der des Definiens kreuzt:
  Bei diesen Definitionen zählen einige Objekte aus der Extension des Definiendums zu der Extension des Definiens, andere hingegen nicht.

  Beispiel:

  "Der *Gesamtaufwand* einer Periode entspricht den in dieser Periode angefallenen Geldmittelabflüssen."

  Diese Definition ist inadäquat: Der Großteil des Gesamtaufwands einer Periode geht zwar in der Regel mit entsprechenden Geldmittelabflüssen in der betrachteten Periode einher (ausgabenwirksamer Aufwand); doch zum Gesamtaufwand zählt auch der Aufwand, der früher, später oder sogar nie zu Geldmittelabflüssen führt. Diese Bestandteile des Gesamtaufwandes sind in der Extension des Begriffes *Geldmittelabflüsse* nicht enthalten. Umgekehrt können auch Geldmittelabflüsse auftreten, die früher, später oder nie zu Aufwand führen; sie gehören jedoch nicht zur Extension des Begriffes *Gesamtaufwand.* Eine adäquate Definition des Begriffes *Gesamtaufwand* hingegen wäre (vgl. Ahlert/Franz/Kaefer 1982, S. 35):

  "Der *Gesamtaufwand* einer Periode entspricht dem Werteinsatz der Periode."

3.2.7 Zur Konstruktion von Definitionen

Bei der Konstruktion von Definitionen kann man zwei methodische Hilfen heranziehen: *Feststellende Definitionen* kann man mit Hilfe der *induktiven Methode* erarbeiten, und bei allen Arten von Definitionen kann man auf bereits früher definierte Begriffe zurückgreifen, also *rekursiv* definieren.

Zur Konstruktion feststellender Definitionen werden verschiedene Methoden vorgeschlagen (vgl. zum folgenden Pawlowski 1980, S. 43 - 51, und Merk 1985, S. 12 - 13 und S. 15). Keine dieser Methoden führt zuverlässig zu adäquaten, feststellenden Definitionen; immerhin jedoch geben sie der Intuition eine methodische Stütze. Vorgestellt sei hier die induktive Methode. Sie wird auch "sokratische" Methode genannt, weil *Sokrates* sie erstmals systematisch anwendete, um die Bedeutungen von Wörtern zu bestimmen.

Die *induktive Methode* ähnelt der verallgemeinernden Argumentation der empirischen Wissenschaften: Aus einer großen Zahl von Beobachtungen wird auf eine Gesetzmäßigkeit geschlossen. Bei der induktiven Methode untersucht man möglichst viele Anwendungsfälle des zu definierenden Begriffs. Man stellt sich der Reihe nach die Objekte vor, auf die sich dieser Begriff in verschiedenen Anwendungsfällen bezieht, und vergleicht diese Objekte gedanklich miteinander. Beim Vergleichen treten die gemeinsamen Eigenschaften der betrachteten Objekte hervor: Sie sind die wesentlichen Merkmale des zu definierenden Begriffs, sie bilden die Intension des Begriffs. Beschreibt man alle diese Merkmale, so erhält man eine feststellende Definition des Begriffs.

Diese Methode ist vor allem zum Definieren konkreter Begriffe geeignet: Diese Begriffe beziehen sich auf physische Objekte, die man sich bildhaft vorstellen und so dabei vor dem "geistigen Auge" vergleichen kann. Anders verhält es sich bei den in der Regel abstrakten Begriffen der Wirtschaftswissenschaften. Doch auch beim Definieren dieser Begriffe kann die induktive Methode hilfreich sein.

3.2.8 Vollständige und unvollständige Definitionen

In Abschnitt 3.2.5 wurden extensionale und intensionale Definitionen unterschieden. Bei diesen beiden Arten von Definitionen kann man weiter in *vollständige* und *unvollständige Definitionen* unterscheiden. Letztere werden auch als *partielle Definitionen* bezeichnet (vgl. Pawlowski 1980, S. 125; vgl. Merk 1985, S. 20 - 21).

- Eine vollständige extensionale Definition erfordert die erschöpfende Aufzählung aller Individualbegriffe, die dem Definiendum untergeordnet sind.
- Ein vollständige intensionale Definition erfordert die Nennung sämtlicher gemeinsamer Eigenschaften der im Begriff erfaßten Objekte.

Die in Abschnitt 3.2.5 genannten extensionalen und intensionalen Definitionen sind Beispiele einer vollständigen extensionalen und einer vollständigen intensionalen Definition.

Die Forderung, Extension bzw. Intension des Definiendums erschöpfend zu beschreiben, ist bei wirtschaftswissenschaftlichen Begriffen oft nur schwer erfüllbar. Hinsichtlich der Extension ist das praktisch oft unmöglich: Zu zahlreich sind die in dem Begriff *Unternehmung* erfaßten Individualbegriffe (*Daimler Benz AG, Bayerische Motorenwerke AG, Ford Motor Corporation, ...*). Eher vermag man nach eingehender Reflexion die Eigenschaften zu nennen, die allen in einem Begriff erfaßten Objekten gemein sind; die vorstehend genannte vollständige intensionale Definition des Begriffes *Unternehmung* ist ein gutes Beispiel dafür. In praxi wird man sich jedoch oft mit unvollständigen Definitionen begnügen:

- Für eine unvollständige extensionale Definition genügt die Angabe einiger Beispiele, die unter den zu definierenden Begriff fallen.

  Beispiel:

  > "Unter den Begriff *Wertpapier* fallen beispielsweise die Begriffe *Obligation*, *Pfandbrief* und *Genußschein*.

  In vielen Fällen ist dieses Verfahren gut zu handhaben. Auch erhellen Beispiele den zu definierenden Begriff auf für den Leser leicht verständliche Weise.

  Dieses Verfahren schließt jedoch nicht mit Sicherheit aus, daß der solcherart definierte Begriff vage und mehrdeutig bleibt. Daher sollte man die exemplarische Definition, wie die unvollständige extensionale Definition kürzer genannt wird (vgl. Gabriel 1980a, S. 441), lediglich als Ergänzung einer intensionalen oder Nominaldefinition einsetzen.

- Für eine unvollständige intensionale Definition genügt die Nennung einiger ausgewählter Eigenschaften, die allen im Begriff erfaßten Objekten gemein sind, die also Merkmale des zu definierenden Begriffs sind.

  Beispiele:

  > "Ein *Wechsel* nach Art. 1 Wechselgesetz ist ein Orderpapier."

  Hier wird nur ein Merkmal des zu definierenden Begriffs genannt: Seine Zugehörigkeit zu dem Oberbegriff *Orderpapier*.

  > "*Zahlungsunfähigkeit* hat unmittelbar die Einstellung der Zahlungen zur Folge. Mittelbare Folge der Zahlungsunfähigkeit ist oft der Konkurs der Unternehmung."

  Hier wird ebenfalls nur eine (die wichtigste) Eigenschaft der Zahlungsunfähigkeit genannt: Ihre unmittelbare und ihr mittelbare Folge.

In der Definitionslehre werden viele Arten unvollständiger intensionaler Definitionen unterschieden. Im Mittelpunkt dieser verschiedenen Arten stehen jeweils bestimmte gemeinsame Eigenschaften der im zu definierenden Begriff erfaßten Objekte. Das zeigen auch die beiden oben angeführten Beispiele.

Die Rede von "unvollständigen" Definitionen scheint anzudeuten, daß es sich dabei um weniger gute, um mit Mängeln behaftete Definitonen handelt. Das ist nicht so. Es gibt zwei gute Gründe dafür, eine partielle anstatt einer vollständigen Definition zu geben:

- Viele Phänomene sind noch zu wenig erforscht, als daß sie sich bereits in einem vollständig definierten Begriff fassen ließen. Es wäre verfrüht, den Versuch einer vollständigen Definition zu unternehmen, wenn offensichtlich noch nicht sämtliche Eigenschaften der betrachteten Objekte bekannt sind. Hier ist eine als unvollständig gekennzeichnete Definition angebracht: Sie hält den gegenwärtigen Stand der Erkenntnis fest, ohne den trügerischen Anschein der Vollständigkeit zu erwecken.

- Zahlreiche Begriffe, die *Dispositionsbegriffe*, sind wegen ihres "unscharfen" Charakters grundsätzlich nur unvollständig bestimmbar (vgl. Pawlowski 1980, S. 128). Dazu zählen Begriffe wie *entfremdet*, *fortschrittlich* oder *Reizschwelle*. Diese Begriffe erfassen Persönlichkeitsmerkmale, Einstellungen, psychische und physische Dispositionen; sie schreiben Objekten gewisse Tendenzen, Fähigkeiten oder Neigungen zu (vgl. Thiel 1989, S. 14). Von Wichtigkeit sind sie vornehmlich in den Sozialwissenschaften, insbesondere in der Psychologie. Durch die Öffnung der Betriebswirtschaftslehre gegenüber ihren verhaltenswissenschaftlichen Nachbardisziplinen haben die Dispositionsbegriffe auch hier an Bedeutung gewonnen (vgl. Raffée 1984, S. 25 - 27).

3.2.9 Zum Stand der Diskussion auf dem Gebiet der Definitionslehre

Die vorstehenden Ausführungen sollten in Aufgabenstellung und Problematik des Definierens einführen. Dabei wurden diejenigen Aspekte eingehender behandelt, die für das praktische Erarbeiten von Definitionen vor allem wirtschaftswissenschaftlicher Begriffe von Wichtigkeit sind.

Viele Fragen sind innerhalb der Definitionslehre jedoch unbeantwortet, und Notwendigkeit oder Zulässigkeit verschiedener Definitionsarten werden zwischen den Fachvertretern kontrovers diskutiert. So wird der traditionelle Anspruch der Realdefinition, das "Wesen" des betrachteten Objekts zu beschreiben, heute als unangemessen verworfen (vgl. z.B. Radnitzky 1989, S. 32). Auch die *Lehre von der impliziten Definition* ist umstritten: Nach ihr fungiert jeder Begriff als Teil eines Systems von Grundannahmen und erhält daher seine Bedeutung nur aus diesen Grundannahmen; die Zugehörigkeit eines Begriffs zu einem bestimmten System von Grundannahmen definiert den Begriff *implizit* (vgl. Radnitzky 1989, S. 30 - 31). Manche Autoren erachten diese Lehre für plausibel, anders jedoch *Radnitzky* (1989, S. 31): "(...) die Lehre von der 'impliziten Definition' ist eine Irrlehre. Entweder definiert man einen Ausdruck, oder man definiert ihn nicht." Es gibt weitere Beispiele solcher Divergenz der Ansichten: *Radermacher* empfiehlt, in Definitionen keine Synonyme zu verwenden (vgl. Radermacher 1978c, S. 115), womit Nominaldefinitionen im üblichen, oben erläuterten Sinne unzulässig würden.

Die Zwecke der verschiedenen Arten von Definitionen werden von den einzelnen Autoren mit unterschiedlicher Deutlichkeit und mit unterschiedlichen Schwerpunktsetzungen herausgearbeitet. So schlägt *Pawlowski* als Maßstab für die Bewertung festsetzender und regulierender Definitionen das Kriterium der *wissenschaftlichen Nützlichkeit* von Definitionen vor (vgl. Pawlowski 1980, S. 82 - 124). *Radnitzky* hebt die *informationsökonomische Bedeutung* von Definitionen hervor (vgl. Radnitzky 1989, S. 27 - 29), und *Merk* betont ihren praktischen Zweck, die *Verständigung* zwischen Autor und Leser der Definition (vgl. Merk 1985, S. 19).

4 Die Menüs von *Sokrataris*

Es gibt wenig Dinge, die an sich unmöglich sind: ihr Gelingen scheitert öfter an unserem Mangel an Ausdauer, denn am Fehlen der Mittel.

François de la Rochefoucauld

4 Die Menüs von *Sokrataris*

Die Benutzeroberfläche von *Sokrataris* basiert auf der Menütechnik: Alle Funktionen sind über Menüpunkte zugänglich. Der Leser, der das Beispiel in Kapitel 2 nachvollzogen hat, ist mit dieser Menütechnik bereits vertraut. In den folgenden Abschnitten werden alle Menüs von *Sokrataris* vorgestellt, und zwar in derselben Reihenfolge, in der sie auch in der Menüleiste erscheinen. Zu jedem Menü und zu jedem Menüpunkt werden ausführliche Erläuterungen zur Bedienung gegeben; außerdem wird die Verwendung der verschiedenen Definitionskriterien erklärt und an Beispielen aus der Betriebswirtschaftslehre verdeutlicht. Damit kann dieses Kapitel dem Benutzer als Referenz sowohl in Fragen der Bedienung als auch in inhaltlichen Fragen dienen.

Im einzelnen geht es um sieben Menüs:

- Über das Menü »≡« sind Informationen zu den Urheberrechten abrufbar (Abschnitt 4.1).
- Alle notwendigen Dateioperationen (Suche nach Dateien; Laden, Speichern und Löschen von Dateien) sowie der Menüpunkt zum Beenden von *Sokrataris* sind über das Menü »Datei« zugänglich (Abschnitt 4.2).
- Das Menü »Begriff« dient zur Eingabe des zu definierenden Begriffs sowie zu dessen Einordnung unter sprachlichen Gesichtspunkten (Abschnitt 4.3).
- Die einzelnen Definitionskriterien des Kriterienrasters sind über das Menü »Definition« abrufbar. Sie sind in die Kriteriengruppen »Begriffspyramide«, »Beschreibung« und »Begriffsabgrenzung/Sonstiges« gegliedert (Abschnitt 4.4).
- Die Art der Dialogführung zwischen Benutzer und *Sokrataris* kann im Menü »Dialog« gewählt werden, das drei verschiedene Dialogmodi anbietet (Abschnitt 4.5).
- Die gegenwärtig bearbeitete Definition und früher erstellte, als Textdateien gespeicherte Definitionen können in Textfenstern dargestellt werden. Deren Größe, Position auf der Arbeitsfläche etc. können mit Hilfe des Menüs »Fenster« verändert werden (Abschnitt 4.6).
- Über das Menü »Hilfe« schließlich können sämtliche zentralen Hilfetexte und das Glossar abgerufen werden (Abschnitt 4.7).

Zusätzlich werden in Abschnitt 4.6.8 die im Rahmen von *Textfenstern* enthaltenen Funktionssymbole erläutert; sie ermöglichen die Bedienung der Textfenster mit der Maus. Eine weitere Ergänzung bildet Abschnitt 4.7.2: Dort werden Aufbau und Benutzung des Hilfesystems von *Sokrataris* beschrieben.

Der Inhalt der folgenden Erläuterungen stimmt im wesentlichen mit den Hilfetexten überein, die Sie über das Hilfesystem von *Sokrataris* abrufen können.

4.1 Menü »≡«

Das Menü »≡« erscheint links in der Menüleiste. Es enthält nur einen Menüpunkt, »Über *Sokrataris*« (Bild 45). Wenn Sie diesen Menüpunkt anwählen, erhalten Sie Informationen über die Urheberrechte an *Sokrataris*.

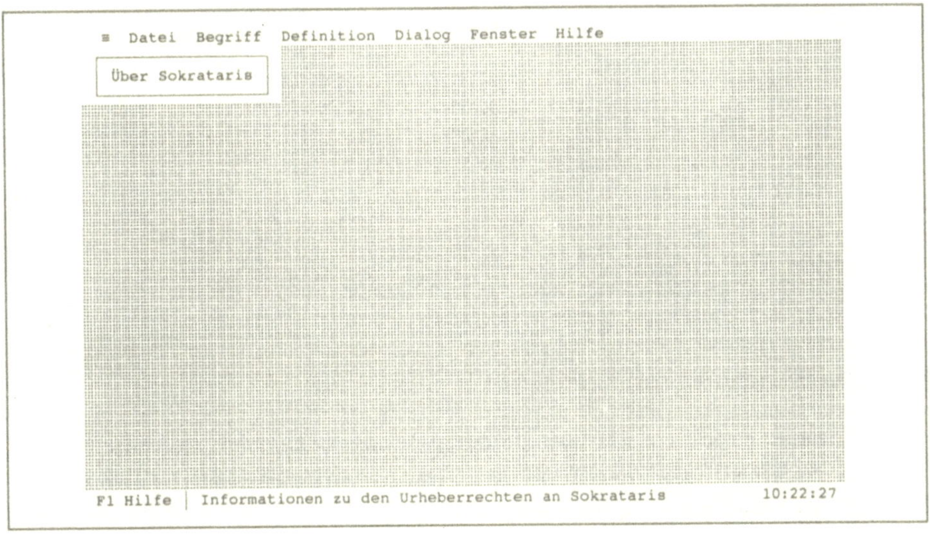

Bild 45: Das Menü »≡«

4.2 Menü »Datei«

Alle mit *Sokrataris* erstellten Definitionen können Sie speichern, laden oder auch wieder löschen[1]. Das Menü »Datei« stellt alle dafür erforderlichen Funktionen bereit (Bild 46).

Jede Definition, die Sie mit *Sokrataris* erstellt haben, können Sie speichern

- als Datensatzdatei oder
- als Textdatei.

Jede dieser beiden Arten der Speicherung hat ihren bestimmten Zweck:

---

[1] Die Autoren danken an dieser Stelle Herrn cand. wirtsch.-ing. Matthias Sonntag, der bei der Programmierung wertvolle Beiträge geleistet hat. Insbesondere hat er etliche Routinen zum Menü »Datei« erstellt und das Installationsprogramm geschrieben.

- Als Datensatzdateien gespeicherte Definitionen können wieder in *Sokrataris* geladen und editiert werden. Daher sollten neu erstellte oder geänderte Definitionen stets als Datensatzdatei gespeichert werden.

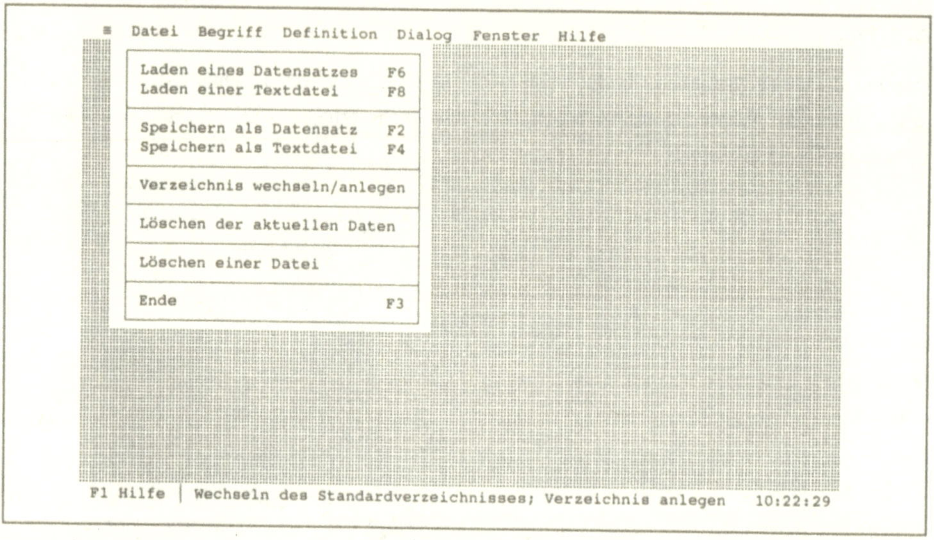

Bild 46: Das Menü »Datei«

- Als Textdateien gespeicherte Definitionen hingegen können mit *Sokrataris* nicht mehr verändert werden. Sie können jedoch in praktisch jedes Textverarbeitungsprogramm geladen und dort weiterbearbeitet werden (erweiterter ASCII-Zeichensatz). Wenn Sie diese Möglichkeit nutzen möchten, sollten Sie die betreffende Definition als Textdatei speichern.

In *Sokrataris* können Sie beliebige Textdateien betrachten. Dazu benutzen Sie bitte den Menüpunkt »Laden einer Textdatei« im Menü »Datei«. Diese Dateien können nicht editiert werden.

4.2.1 Menüpunkt »Laden eines Datensatzes«

Nach Anwahl dieses Menüpunkts öffnet sich die Dialogbox »Laden eines Datensatzes«. In dieser Dialogbox wählen Sie die Definition, gespeichert in einer *Sokrataris*-Datensatzdatei (*.SOK), die geladen werden soll.

Zur Dialogbox »Laden eines Datensatzes«:

- Den Namen der zu ladenden Datei können Sie im *Eingabefeld* eingeben:

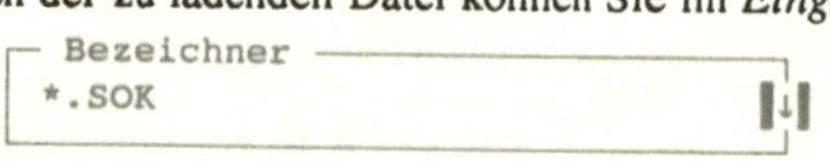

- Mit dem Eingabefeld ist eine *Eingabeaufzeichnungsliste* verbunden,

```
[■]
*.SOK
ABSCHRBG.SOK
RECHT\HGB\KAUFMANN.SOK
```

in der frühere Eingaben gespeichert werden. Sie wird durch Mausklick auf das Pfeilsymbol am rechten Rand des Eingabefeldes geöffnet.

- Sie können den Namen der zu ladenden Datei auch in der *Dateinamenliste* auswählen, in der alle im Standardverzeichnis vorhandenen Datensatzdateien angezeigt werden:

```
Dateien
 ABSCHRBG.SOK     \BWL
 BETRIEB.SOK      \VWL
→BUCHHLTG.SOK     \RECHT
 DEFINIT.SOK      \INFORM
 GEWINN.SOK       \TECHNIK
 INFORMTN.SOK     ..\
 MANAGEMT.SOK
 UMWELT.SOK
```

- Das *Informationsfeld* enthält Angaben zu der in der Dateinamenliste markierten Datei:

```
C:\SOKRATA\*.SOK
BUCHHLTG.SOK   3897 Bytes   3.12.1991   20:54 h
```

- Mit den *Aktionsschaltern*
  - [Laden],
  - [Abbruch] und
  - [Hilfe]

  können Sie die gewünschte Aktion auslösen.

4.2.2 Menüpunkt »Laden einer Textdatei«

Nach Anwahl dieses Menüpunkts öffnet sich die Dialogbox »Laden einer Textdatei«. In dieser Dialogbox wählen Sie die Textdatei (*.TXT) aus, die geladen werden soll. Mit Hilfe dieser Funktion können Sie jede beliebige Textdatei im ASCII-Format in einem Textfenster betrachten. Auf diese Weise können Sie die gegenwärtig editierte Definition mit einer früher erstellten, als Textdatei gespeicherten Definition vergleichen. Änderungen in dem im Textfenster gezeigten Text sind allerdings nicht möglich. Weitere Einzelheiten über Textfenster erfahren Sie im Abschnitt 4.6. Dort werden die Funktionen erläutert, mittels derer Sie Größe und Position eines Textfensters verändern können.

Zur Dialogbox »Laden einer Textdatei«:

- Den Namen der zu ladenden Datei können Sie im *Eingabefeld* eingeben:

```
Bezeichner
*.TXT
```

- Mit dem Eingabefeld ist eine *Eingabeaufzeichnungsliste* verbunden,

```
[■]
*.TXT
ABSCHRBG.TXT
RECHT\HGB\KAUFMANN.TXT
```

  in der frühere Eingaben gespeichert werden. Sie wird durch Mausklick auf das Pfeilsymbol am rechten Rand des Eingabefeldes geöffnet.

- Sie können den Namen der zu ladenden Datei auch in der *Dateinamenliste* auswählen, in der alle im Standardverzeichnis vorhandenen Textdateien angezeigt werden:

```
Dateien
  ABSCHRBG.TXT      \BWL
  BETRIEB.TXT       \VWL
 →BUCHHLTG.TXT      \RECHT
  DEFINIT.TXT       \INFORM
  GEWINN.TXT        \TECHNIK
  INFORMTN.TXT      ..\
  MANAGEMT.TXT
  UMWELT.TXT
```

- Das *Informationsfeld* enthält Angaben zu der in der Dateinamenliste markierten Datei:

```
C:\SOKRATA\*.TXT
BUCHHLTG.TXT   3897 Bytes   3.12.1991   20:54 h
```

- Mit den *Aktionsschaltern*
  - [Laden],
  - [Abbruch] und
  - [Hilfe]

  können Sie die gewünschte Aktion auslösen.

4.2.3 Menüpunkt »Speichern als Datensatz«

Nach Anwahl dieses Menüpunkts öffnet sich die Dialogbox »Speichern als Datensatz«. In dieser Dialogbox legen Sie fest, in welchem Verzeichnis und unter welchem Namen die gegenwärtig editierte Definition als Datensatzdatei gespeichert werden soll.

Als Erweiterung des Dateinamens fügt *Sokrataris* automatisch '.SOK' an, um diese Datei als *Sokrataris*-Datensatzdatei wiedererkennen zu können. (Bei der Funktion »Laden eines Datensatzes« verwendet *Sokrataris* die Suchmaske '*.SOK'.)

Zur Dialogbox »Speichern als Datensatz«:

- Den Namen der zu speichernden Datei können Sie im *Eingabefeld* eingeben:

```
Bezeichner
*.SOK
```

- Mit dem Eingabefeld ist eine *Eingabeaufzeichnungsliste* verbunden,

```
[•]
*.SOK
ABSCHRBG.SOK
RECHT\HGB\KAUFMANN.SOK
```

  in der frühere Eingaben gespeichert werden. Sie wird durch Mausklick auf das Pfeilsymbol am rechten Rand des Eingabefeldes geöffnet.

- Sie können den Namen der zu speichernden Datei auch in der *Dateinamenliste* auswählen, in der alle im Standardverzeichnis vorhandenen Datensatzdateien angezeigt werden:

```
Dateien
 ABSCHRBG.SOK     \BWL
 BETRIEB.SOK      \VWL
→BUCHHLTG.SOK     \RECHT
 DEFINIT.SOK      \INFORM
 GEWINN.SOK       \TECHNIK
 INFORMTN.SOK     ..\
 MANAGEMT.SOK
 UMWELT.SOK
```

  Durch Auswahl eines bereits existierenden Dateinamens wird mit der gegenwärtig bearbeiteten Definition eine bereits existierende Datensatzdatei überschrieben. Von der überschriebenen Datensatzdatei erstellt *Sokrataris* automatisch eine Sicherungskopie, die die Dateinamenerweiterung '*.BAK' erhält.

- Das *Informationsfeld* enthält Angaben zu der in der Dateinamenliste markierten Datei:

```
C:\SOKRATA\*.SOK
BUCHHLTG.SOK   3897 Bytes   3.12.1991   20:54 h
```

- Mit den *Aktionsschaltern*
  - [Laden],
  - [Ersetzen],

- [Abbruch] und
- [Hilfe]

können Sie die gewünschte Aktion auslösen.

4.2.4 Menüpunkt »Speichern als Textdatei«

Nach Anwahl dieses Menüpunkts öffnet sich die Dialogbox »Speichern als Textdatei«. In dieser Dialogbox legen Sie fest, in welchem Verzeichnis und unter welchem Namen die gegenwärtig editierte Definition als Textdatei gespeichert werden soll.

Als Erweiterung des Dateinamens fügt *Sokrataris* automatisch die für Textdateien üblichen Buchstaben '.TXT' an. So kann *Sokrataris* diese Datei als Textdatei wiedererkennen. (Bei der Funktion »Laden einer Textdatei« verwendet *Sokrataris* die Suchmaske '*.TXT'.)

Zur Dialogbox »Speichern als Textdatei«:

- Den Namen der zu speichernden Datei können Sie im *Eingabefeld* eingeben:

- Mit dem Eingabefeld ist eine *Eingabeaufzeichnungsliste* verbunden,

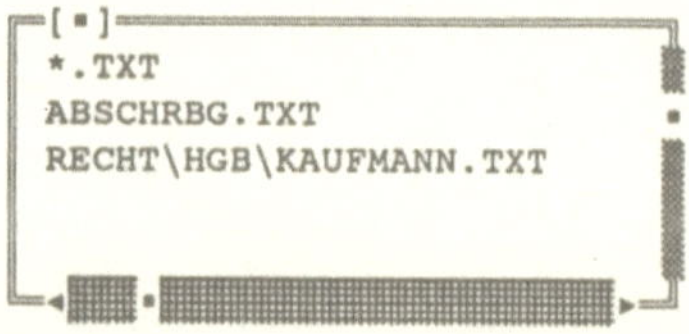

in der frühere Eingaben gespeichert werden. Sie wird durch Mausklick auf das Pfeilsymbol am rechten Rand des Eingabefeldes geöffnet.

- Sie können den Namen der zu speichernden Datei auch in der *Dateinamenliste* auswählen, in der alle im Standardverzeichnis vorhandenen Textdateien angezeigt werden:

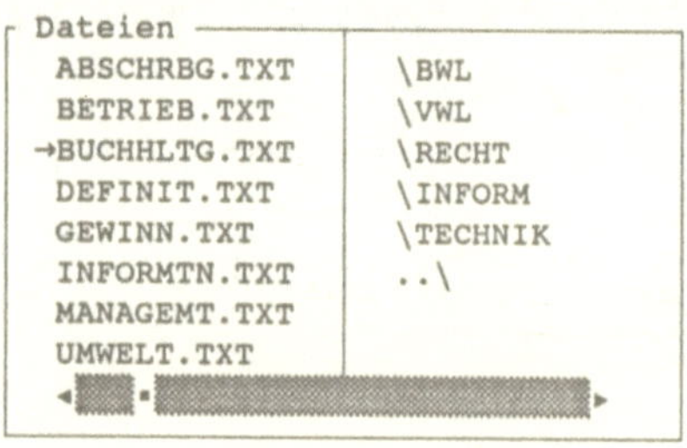

Durch Auswahl eines bereits existierenden Dateinamens wird mit der gegenwärtig bearbeiteten Definition eine bereits existierende Textdatei überschrieben. Von der überschriebenen Textdatei erstellt *Sokrataris* automatisch eine Sicherungskopie, die die Dateinamenerweiterung '*.SIK' erhält.

- Das *Informationsfeld* enthält Angaben zu der in der Dateinamenliste markierten Datei:

```
C:\SOKRATA\*.TXT
BUCHHLTG.TXT    3897 Bytes   3.12.1991   20:54 h
```

- Mit den *Aktionsschaltern*
  - [Speichern],
  - [Ersetzen],
  - [Abbruch] und
  - [Hilfe]

  können Sie die gewünschte Aktion auslösen.

4.2.5 Menüpunkt »Verzeichnis wechseln/anlegen«

Nach Anwahl dieses Menüpunkts öffnet sich die Dialogbox »Verzeichnis wechseln/anlegen«, in der Sie das *Standardverzeichnis* für das Laden, Speichern und Löschen von Dateien einstellen können.

Das Standardverzeichnis ist das beim Öffnen der Dialogboxen
»Laden eines Datensatzes«,
»Laden einer Textdatei«,
»Speichern als Datensatz«,
»Speichern als Textdatei« und
»Löschen einer Datei»
voreingestellte Verzeichnis. Sofern nicht innerhalb dieser Dialogboxen das Verzeichnis gewechselt wird, führt *Sokrataris* alle Dateioperationen (Suche nach Dateien; Laden, Speichern und Löschen von Dateien) im Standardverzeichnis aus.

Zur Dialogbox »Verzeichnis wechseln/anlegen«:

- Den Namen des Verzeichnisses, in das gewechselt bzw. das neu angelegt werden soll, können Sie im *Eingabefeld* eingeben:

```
Aktuelles Verzeichnis
C:\SOKRATA
```

- Mit dem Eingabefeld ist eine *Eingabeaufzeichnungsliste* verbunden,

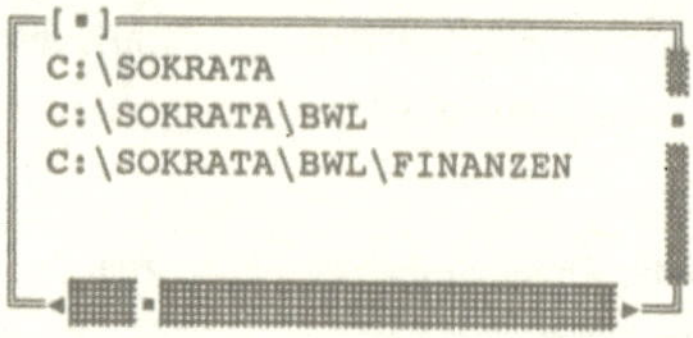

  in der frühere Eingaben gespeichert werden. Sie wird durch Mausklick auf das Pfeilsymbol am rechten Rand des Eingabefeldes geöffnet.

- Sie können den Namen des Verzeichnisses, in das gewechselt werden soll, auch im Verzeichnisbaum auswählen:

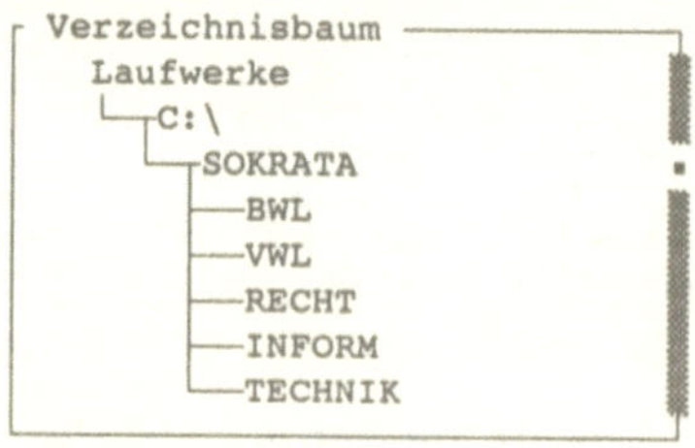

- Mit den *Aktionsschaltern*
  - [Setzen/Ende]
  - [Wechseln]
  - [Zurück]
  - [Anlegen] und
  - [Hilfe]

  können Sie die gewünschte Funktion auslösen.

4.2.6 Menüpunkt »Löschen der aktuellen Daten«

Dieser Befehl löscht alle Daten der gegenwärtig editierten Definition aus dem Arbeitsspeicher des Personal-Computers und leert das Definitionstextfenster. Bevor *Sokrataris* diesen Befehl ausführt, erscheint sicherheitshalber eine Dialogbox zur Bestätigung.

Wenn Sie eine Datensatzdatei von Diskette oder Festplatte in den Arbeitsspeicher laden, wird die Funktion »Löschen der aktuellen Daten« automatisch ausgeführt. Auch in diesem Fall erscheint eine Dialogbox, die auf den Verlust der Daten der gegenwärtig editierten Definition hinweist.

4.2.7 Menüpunkt »Löschen einer Datei«

Nach Anwahl dieses Menüpunkts öffnet sich die Dialogbox »Löschen einer Datei«. In dieser Dialogbox legen Sie fest, welche Datei von Diskette oder Festplatte gelöscht werden soll. Dabei können Sie auch in andere Verzeichnisse wechseln, um dort Dateien zu löschen.

Zur Dialogbox »Löschen einer Datei«:

- Den Namen der zu löschenden Datei können Sie im *Eingabefeld* eingeben:

```
Bezeichner
*.*
```

- Mit dem Eingabefeld ist eine *Eingabeaufzeichnungsliste* verbunden,

```
[•]
*.SOK
ABSCHRBG.SOK
RECHT\HGB\KAUFMANN.SOK
```

  in der frühere Eingaben gespeichert werden. Sie wird durch Mausklick auf das Pfeilsymbol am rechten Rand des Eingabefeldes geöffnet.

- Sie können den Namen der zu löschenden Datei auch in der *Dateinamenliste* auswählen, in der alle im Standardverzeichnis vorhandenen Dateien angezeigt werden::

```
Dateien
 ABSCHRBG.SOK    \BWL
 BETRIEB.SOK     \VWL
→BUCHHLTG.SOK    \RECHT
 DEFINIT.SOK     \INFORM
 GEWINN.SOK      \TECHNIK
 INFORMTN.SOK    ..\
 MANAGEMT.SOK
 UMWELT.SOK
```

- Das *Informationsfeld* enthält Angaben zu der in der Dateinamenliste markierten Datei:

```
C:\SOKRATA\*.SOK
BUCHHLTG.SOK   3897 Bytes   3.12.1991   20:54 h
```

- Mit den *Aktionsschaltern*
  - [Löschen],
  - [Abbruch] und
  - [Hilfe]

  können Sie die gewünschte Aktion auslösen.

4.2.8 Menüpunkt »Ende«

Mit diesem Befehl beenden Sie *Sokrataris*. Die gegenwärtig bearbeitete Definition wird nicht automatisch gespeichert. Daher erscheint vor der Rückkehr zur Betriebssystem-Ebene eine

Dialogbox, in der gefragt wird, ob Sie die gegenwärtig bearbeitete Definition bereits gespeichert haben.

4.3 Menü »Begriff«

Am Anfang einer Definition steht die Nennung des zu definierenden Begriffs und seine Einordnung unter sprachlichen Gesichtspunkten. Die Dialogboxen dazu können über die Menüpunkte des Menüs »Begriff« abgerufen werden. Sechs Menüpunkte stehen zur Verfügung (Bild 47).

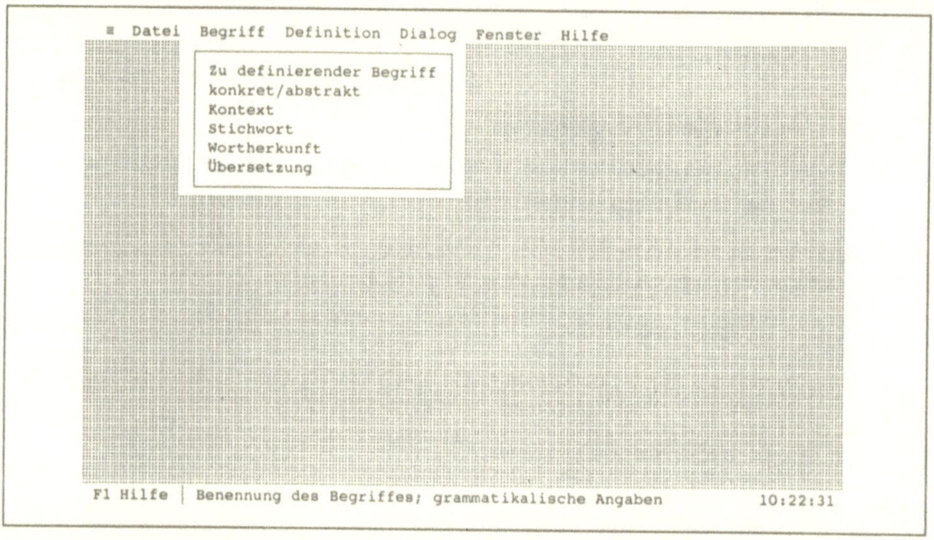

Bild 47: Das Menü »Begriff«

- Unter »Begriff« ist der zu definierende Begriff einzugeben und grammatikalisch einzuordnen.
- Unter »konkret/abstrakt« ist der Begriff als "konkret" oder "abstrakt" zu klassifizieren. Grundlage dieser Klassifikation ist die Zuordnung des im Begriff erfaßten Objekts zu den "physischen" oder "nicht-physischen" Objekten. Wenn Sie eine neue Definition erarbeiten, wird diese Dialogbox automatisch eingeblendet, nachdem Sie die Eingaben in der Dialogbox »Begriff« mit [Einlesen] oder [Weiter] abgeschlossen haben.
- Unter »Kontext« können Sie den Zusammenhang vermerken, für den die zu erarbeitende Definition Gültigkeit beansprucht.
- Unter »Stichwort« können Sie eines oder mehrere Stichwörter eingeben, um diese Definition von anderen Definitionen zu unterscheiden.
- Unter »Wortherkunft« können sie Informationen zum sprachlichen Ursprung des zu definierenden Begriffs eingeben.

- Schließlich bietet »Übersetzung« die Möglichkeit, verschiedene sprachliche Façetten des Begriffs durch seine Übersetzung in andere Sprachen zu erhellen.

Nach Anwahl eines der Menüpunkte öffnet sich jeweils eine Dialogbox. Darin wird eine Frage zu dem zu definierenden Begriff gestellt; außerdem enthalten die Dialogboxen Auswahl- bzw. Eingabefelder, in denen Sie Ihre Antwort eingeben können.

Ein Hinweis zur Reihenfolge der Bearbeitung: Zunächst ist nur der Menüpunkt »Begriff« wählbar. Wenn Sie die Eingaben in der zugehörigen Dialogbox durch Anwählen des Aktionsschalters [Einlesen] bzw. [Weiter] abschließen, wird automatisch die folgende Dialogbox zu dem Kriterium »konkret/abstrakt« eingeblendet. Das hat zwei Gründe: Erstens sollte eine Definition mit der Angabe des zu definierenden Begriffs beginnen. Zweitens formuliert *Sokrataris* die Fragen zu den Definitionskriterien mit konkretem Bezug auf den zu definierenden Begriff; dazu schaffen Ihre Eingaben in den Dialogboxen »Begriff« und »konkret/abstrakt« die Voraussetzung.

4.3.1 Menüpunkt »Zu definierender Begriff«

Nach Anwahl dieses Menüpunkts öffnet sich die Dialogbox »Zu definierender Begriff«. In ihr können Sie den zu definierenden Begriff (genauer: den entsprechenden sprachlichen Ausdruck) eingeben. Zusätzlich werden einige grammatikalische Angaben erfragt.

Der sprachliche Ausdruck für einen Begriff besteht entweder aus

- einem Wort (wie: *Gewinn*) oder
- einer Wortgruppe (wie: *Politische Hintergründe der Wirtschaftskrise von 1929*).

Manchmal wird dieser sprachliche Ausdruck ersetzt durch

- ein Formelzeichen (wie: x für die Produktmenge in den Optimierungsmodellen des Operations Research),
- ein graphisches Zeichen (wie: $ für Dollar, § für Paragraph) oder
- eine Abkürzung (wie: GoB für die Grundsätze ordnungsmäßiger Buchführung; vgl. Merk 1985, S. 12).

Die grammatikalischen Angaben (Zahl und grammatisches Geschlecht des sprachlichen Ausdrucks, geeignete Art des Artikels) verwendet *Sokrataris*, um die Fragen zu den einzelnen Definitionskriterien syntaktisch korrekt zu formulieren.

4.3.2 Menüpunkt »konkret/abstrakt«

Nach Anwahl dieses Menüpunkts öffnet sich die Dialogbox »konkret/abstrakt«. Darin ist anzugeben, ob der zu definierende Begriff

- konkret ist, d.h. sich auf ein physisches Objekt bezieht, oder
- abstrakt ist, d.h. sich auf ein nicht-physisches Objekt bezieht (vgl. Abschnitt 3.1.1).

Als *konkret* seien in dieser Arbeit nur solche Begriffe angesehen, die sich auf dingliche Objekte beziehen. Diese Begriffe sind der unmittelbaren äußeren Anschauung zugänglich; der Mensch kann die in ihnen erfaßten Objekte mit einem seiner Sinnesorgane wahrnehmen, sie also sehen, hören, ertasten, riechen oder schmecken. In diesem Sinne *konkret* sind Begriffe wie *Unterpulverschweißen, Hubkolbenmotor* und *Montagefließband*, aber auch Begriffe wie *Ion, Molekül* und *Gitterbaufehler*, in denen Objekte erfaßt sind, die der menschlichen Wahrnehmung nur unter Zuhilfenahme technischer Hilfsmittel zugänglich sind oder grundsätzlich sein könnten.

Als *abstrakt* seien hier alle Begriffe bezeichnet, die sich auf nicht dingliche Objekte beziehen. Diese Begriffe sind daher nicht der unmittelbaren äußeren Anschauung zugänglich. Die meisten Begriffe der Wirtschaftswissenschaften sind abstrakte Begriffe. Sie umfassen vor allem *Vorstellungen*, die der Mensch kraft seines Verstandes bzw. seiner Vernunft entwickelt hat (wie etwa *Außenhandelsgleichgewicht, limitationale Faktoreinsatzbeziehung, Lohmann-Ruchti-Effekt* und *Liquidität*), teils auch *Empfindungen* (wie etwa *Sympathie, Motivation* und *Zufriedenheit*).

4.3.3 Menüpunkt »Kontext«

Nach Anwahl dieses Menüpunkts öffnet sich die Dialogbox »Kontext«. Darin ist der Zusammenhang (Kontext) anzugeben, in welchem die zu erarbeitende Definition üblicherweise gilt bzw. gelten soll. *Kontext* in diesem Sinne kann

- der alltägliche Sprachgebrauch,
- eine Wissenschaftsdisziplin (z.B. *Betriebswirtschaftslehre*),
- eine Teildisziplin einer Wissenschaft (z.B. *Bilanztheorie*) oder
- der Sprachgebrauch eines bestimmten Fachvertreters (z.B. *Alfred Moxters*) sein.

Die Bedeutungen, die ein und derselbe sprachliche Ausdruck - etwa das Wort *Information* - in verschiedenen Kontexten hat, unterscheiden sich zum Teil erheblich.

Beispielsweise wird *Information* im Kontext der Betriebswirtschaftslehre meist als *zweckorientiertes Wissen* definiert; im Kontext der Informationstheorie und der Kybernetik hingegen ist *Information* eine *Nachricht*, d.h. ein Gedanke oder ein Sachverhalt, der in Signalen konkretisiert wurde. Ähnliches gilt für das Wort *Kapazität*: Im Kontext der Betriebswirtschaftslehre steht es für das quantitative und qualitative Leistungsvermögen einer technischen Produktiveinheit, in der Physik und in der Elektrotechnik für den Quotienten aus Ladung und Spannung einer Leiteranordnung (z.B. eines Kondensators).

Ferner ändert ein Fachvertreter im Laufe seines wissenschaftlichen Lebens möglicherweise sein Verständnis eines bestimmten Begriffs; dann wäre als Kontext einer 'frühen' Definition z.B. eine 'frühe' Veröffentlichung des Fachvertreters anzuführen, als Kontext einer 'gereiften' Definition z.B. eine 'späte' Veröffentlichung.

4.3.4 Menüpunkt »Stichwort«

Nach Anwahl dieses Menüpunkts öffnet sich die Dialogbox »Stichwort«. Anhand eines Stichworts können Sie die gegenwärtig bearbeitete Definition von anderen Definitionen unterscheiden.

Wenn Sie beispielsweise eine Definition schrittweise ergänzen, frühere Versionen Ihrer Definition jedoch speichern möchten, können Sie hier eine Versionsbezeichnung vermerken (z.B. *Entwurf vom 18.12.1991*).

Bei Definitionen, die aus der Literatur entnommen wurden, können zwei Definitionen auch anhand einer bis ins Detail präzisen Kontextangabe unterschieden werden (vgl. dazu Abschnitt 4.3.3). Die präzise Kontextangabe wäre in diesem Falle die vollständige Angabe der Quelle, aus der die Definition stammt. In der praktischen Arbeit mit *Sokrataris* hat es sich jedoch bewährt, unter »Kontext« lediglich die Wissenschafts(teil)disziplin(en) anzugeben, in der die Definition Gültigkeit beansprucht, und detaillierte Quellenangaben in der Dialogbox »Stichwort« zu vermerken.

4.3.5 Menüpunkt »Wortherkunft«

Nach Anwahl dieses Menüpunkts öffnet sich die Dialogbox »Wortherkunft«. Darin geht es um die sprachliche Herkunft des Wortes oder der Wortverbindung, die den Begriff bezeichnet.

Viele Wörter der deutschen Sprache sind lateinischen oder griechischen Ursprungs bzw. italienischer oder englischer Herkunft (so auch die *Anglizismen* im Neudeutschen). Die Bedeutung dieser Wörter und damit der mit ihnen verbundene Begriff hat sich im Zeitablauf jedoch oft erheblich gewandelt.

Ein Beipiel macht das deutlich: Das deutsche *Kapital* und das englische *capital* sind von dem lateinischen Wort *caput* abgeleitet, dessen Hauptbedeutung im Lateinischen *Haupt* oder *Kopf* war. Die Bedeutungen *Kapital* im Deutschen bzw. *Hauptstadt* im Englischen waren im Lateinischen drittrangige Nebenbedeutungen des Wortes *caput*.

Ähnliches gilt für die folgenden Beispiele:

Begriff	Wortherkunft
'Bilanz'	vom italienischen 'bilancio', später 'bilancia' ("Waage, Gleichgewicht"); verwandt dem engl. 'balance'
'Indossament'	vom italienischen 'indossare', aus 'in dosso' ("auf dem Rücken")
'Gewinn'	vom althochdeutschen 'giwinan' ("durch Anstrengung, Arbeit oder Kampf zu etwas gelangen")

Die Lehre von der Herkunft der Wörter heißt *Etymologie*.

4.3.6 Menüpunkt »Übersetzung«

Der zu definierende Begriff existiert sicher auch in verschiedenen Fremdsprachen. Eine Übersetzung kann Façetten des Begriffs aufzeigen, die im Deutschen nicht bekannt sind. Nach Anwahl des Menüpunkts »Übersetzung« öffnet sich eine Dialogbox, in der Sie fremdsprachliche Ausdrücke für den zu definierenden Begriff eingeben können. Sie lassen bisweilen unterschiedliche emotionale Belegungen des Begriffes vermuten: Beispielsweise heißt 'Gewinn' im Englischen 'profit' und im Französischen 'bénéfice'. Das kann einerseits auf eher negative (Profitgier, Profitmache), andererseits auf eher positive (Benefiz) Konnotationen hindeuten.

Einige Beispiele:

Begriff	Übersetzung
'Bilanz'	engl. 'balance-sheet', am. 'statement' frz. '(le) bilan'
'Gewinn'	engl. 'profit' frz. '(le) bénéfice', '(le) profit'
'Abschrei- bung'	engl. 'write-off', 'depreciation' frz. '(le) amortissement'
'Kosten'	engl. 'costs' frz. '(les) côut'

4.4 Menü »Definition«

Über das Menü »Definition« kann auf die einzelnen Definitionskriterien zugegriffen werden, die zu drei Kriteriengruppen zusammengefaßt sind (Bild 48). Nach Anwahl eines der Menüpunkte in diesem Menü öffnet sich jeweils eine Dialogbox. In jeder Dialogbox wird eine Frage zu einem Definitionskriterium gestellt und ein Eingabefeld geboten, in das Sie Ihre Antwort eingeben können.

Bitte verstehen Sie die Fülle der angebotenen Kriterien nur als Anregung, nicht als Aufforderung, zu jedem Kriterium Angaben zu machen. Das wird bei den meisten Begriffen weder erforderlich noch sinnvoll sein (vgl. auch Abschnitt 3.2). Sie können - und müssen - diejenigen Definitionskriterien auswählen, die zur Definition des in Frage stehenden Begriffs besonders geeignet erscheinen. Dabei können Sie sich auf ein oder zwei Kriterien beschränken; so entsteht eine knappe, prägnante Definition. Wollen Sie hingegen möglichst viele Aspekte eines Begriffs erhellen, so geben die Fragen zu den zahlreichen Kriterien Denkanstöße in verschiedene Richtungen.

Sie können also auch eine umfassende Definition erarbeiten, ähnlich den Stichwortaufsätzen, die man in Lexika findet.

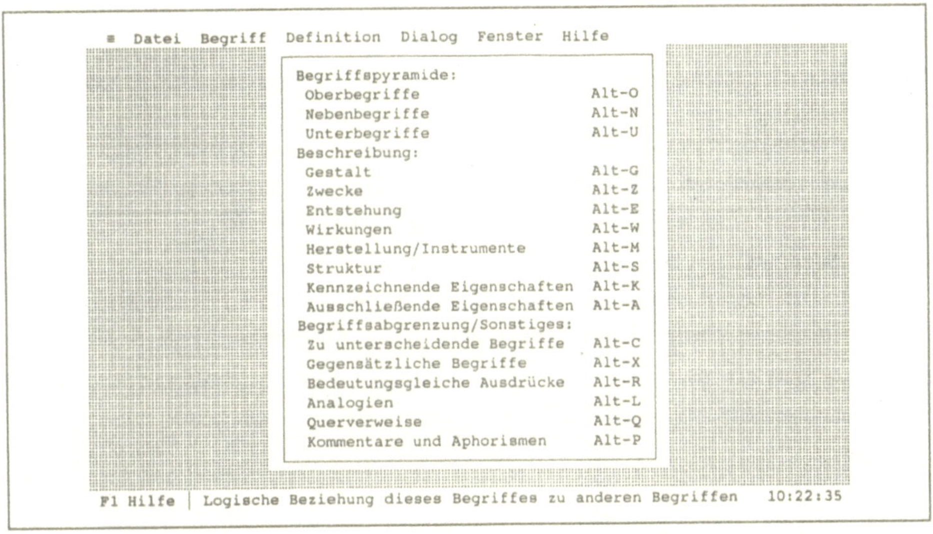

Bild 48: Das Menü »Definition«

Die Menüpunkte des Menüs »Definition« werden erst wählbar, nachdem Sie *Sokrataris* den zu definierenden Begriff mitgeteilt haben. Nähere Erläuterungen dazu finden Sie in Abschnitt 4.3.

Die im Menü »Definition« angebotenen Definitionskriterien sind zu drei Kriteriengruppen zusammengefaßt:

- Mit Hilfe der Kriteriengruppe »Begriffspyramide« läßt sich die Stellung des zu definierenden Begriffs in einer Hierarchie ihm über-, neben- und untergeordneter Begriffe verdeutlichen (Abschnitt 4.4.1).
- In der Kriteriengruppe »Beschreibung« können die im Begriff erfaßten Objekte anhand ihrer Eigenschaften beschrieben werden (Abschnitt 4.4.2).
- Die Kriteriengruppe »Begriffsabgrenzung/Sonstiges« bietet die Möglichkeit, den zu definierenden Begriff gegenüber anderen Begriffen abzugrenzen, Analogien und Synonyma anzuführen und Querverweise herzustellen (Abschnitt 4.4.3).

4.4.1 Kriteriengruppe »Begriffspyramide«

In der Kriteriengruppe »Begriffspyramide« sind drei Definitionskriterien zusammengefaßt:

- »Oberbegriffe«,

- »Nebenbegriffe« und
- »Unterbegriffe«.

Mittels dieser Kriterien können Sie die Stellung des zu definierenden Begriffs in einer Hierarchie ihm über-, neben- und untergeordneter Begriffe verdeutlichen:

- Gemeinsam mit anderen, nebengeordneten Begriffen kann er einem oder mehreren Oberbegriffen untergeordnet werden.
  Beispiel: *Werbung, Verkaufsförderung, Pflege der Public Relations* und *Persönlicher Verkauf* als einander nebengeordnete Begriffe fallen unter den gemeinsamen Oberbegriff *Instrument der absatzfördernden Kommunikation* (vgl. Kotler/Bliemel 1992, S. 828 - 829).
- Andere Begriffe können ihm untergeordnet werden.
  Beispiel: Den Begriff *Pflege der Public Relations* kann man (u.a.) in die Unterbegriffe *Pressemitteilungen, Sponsoring* und *Spenden* einteilen (vgl. Kotler/Bliemel 1992, S. 828 - 829).

Eine solche Hierarchie bezeichnet man in der Erkenntnistheorie als *Begriffspyramide*. Die im Beispiel beschriebene Begriffspyramide läßt sich graphisch veranschaulichen (Bild 49).

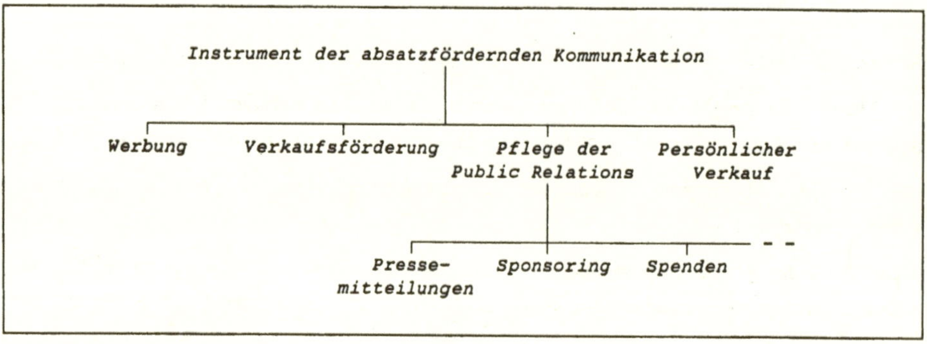

Bild 49: Eine Begriffspyramide

'Höhe' und 'Breite' der Begriffspyramide ergeben sich aus zwei Arten logischer Beziehungen, der *Merkmalsvariation* und der *logischen Einteilung.*

Zum einen kann man aus einem gegebenen Begriff neue Begriffe ableiten, indem man

- einzelne Merkmale entfallen läßt,
- einzelne Merkmale durch andere Merkmale ersetzt oder
- einschränkende Merkmale hinzufügt.

Läßt man (Neben-) Merkmale eines gegebenen Begriffs entfallen, so ergibt sich ein allgemeinerer Begriff: ein Oberbegriff. Diesen Vorgang nennt man *Abstraktion.* Nimmt man beispielsweise von dem Begriff *Radiospot* das Merkmal *"im Rundfunk"* weg, so erhält man einen Oberbegriff für *Radiospot*, nämlich *Werbung*.

Ersetzt man (Neben-) Merkmale des gegebenen Begriffs durch andere (Neben-) Merkmale, so entsteht ein Nebenbegriff. Als Nebenbegriff des gegebenen Begriffs läßt er sich demselben Oberbegriff wie der gegebene Begriff zuordnen. Ein Beispiel: Ersetzt man bei dem Begriff *Radiospot* das Merkmal *"im Rundfunk"* durch das Merkmal *"in einem Printmedium"*, so erhält man *Anzeige in einem Printmedium* als Nebenbegriff von *Radiospot*.

Fügt man zu einem gegebenen Begriff ein zusätzliches, einschränkendes Merkmal hinzu, so ergibt sich ein engerer Begriff - ein Unterbegriff. Diesen Vorgang bezeichnet man als *Determination*. Fügt man etwa dem Begriff *Radiospot* als neues Merkmal *"mit Musikuntermalung"* hinzu, so ergibt sich der Begriff *Musikjingle* als ein Unterbegriff von *Radiospot* (Bild 50).

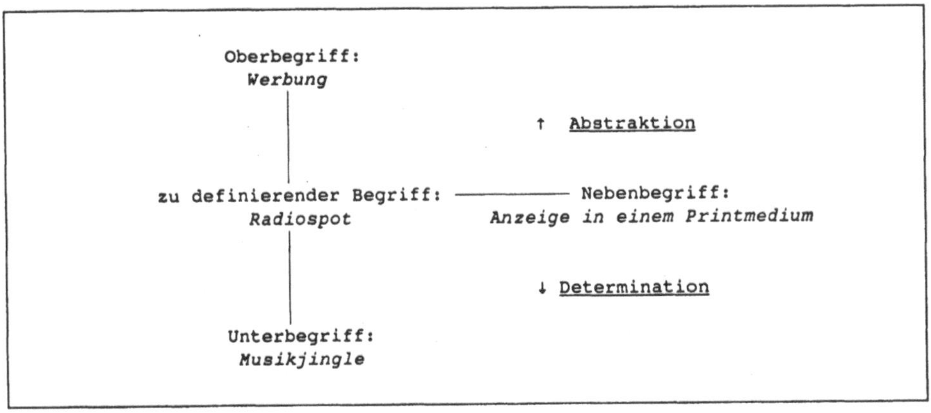

Bild 50: Das Ableiten von Ober- und Unterbegriffen

Der zu definierende Begriff ist in einem Falle selbst Unter-, im anderen Falle Oberbegriff: *Radiospot* ist ein Unterbegriff des Begriffes *Werbung*, jedoch ein Oberbegriff des Begriffes *Musikjingle* (Bild 51).

Eine zweite logische Beziehung zwischen Begriffen ist hier von Interesse: Man kann aus einem gemeinsamen Oberbegriff durch Anlegen eines einteilenden Merkmals eine Reihe einander nebengeordneter Unterbegriffe ableiten. Man spricht von der *logischen Einteilung* eines Begriffs in seine Unterbegriffe. Beispielsweise kann man aus dem Begriff *Management* nach dem einteilenden Merkmal *Gegenstand* verschiedene Arten des Managements ableiten (Bild 52).

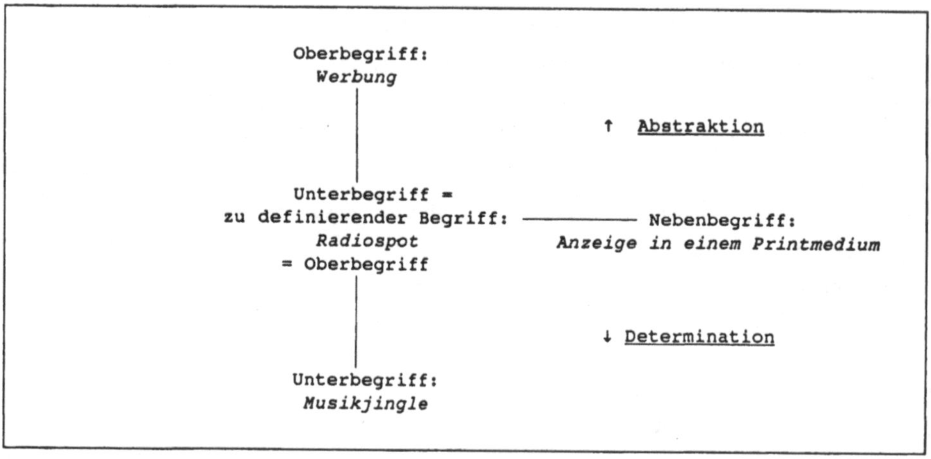

Bild 51: Der zu definierende Begriff als Ober- und Unterbegriff

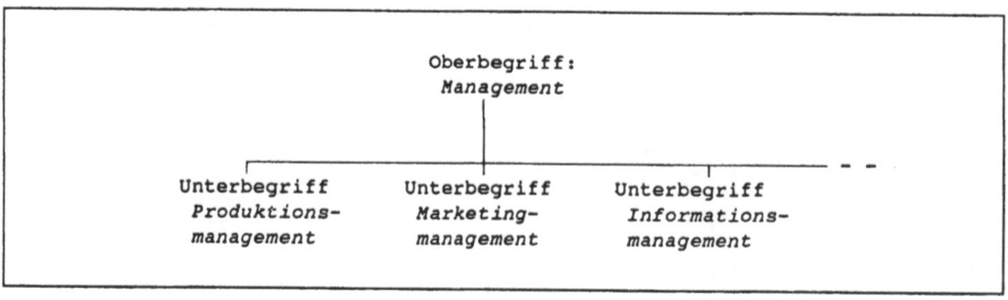

Bild 52: Eine logische Einteilung des Begriffs 'Management'

4.4.1.1 Menüpunkt »Oberbegriffe«

Der zu definierende Begriff läßt sich in der Regel einem oder mehreren Oberbegriffen unterordnen, was ein wichtiges Mittel der Definition ist.

Um Oberbegriffe zu finden, wird man in der Regel nach Begriffen suchen, die mit dem zu definierenden Begriff verwandt sind. Anschließend wird man prüfen, ob es sich bei einigen der gefundenen Begriffe um Oberbegriffe handelt. Dabei kann man folgendes Prüfverfahren benutzen: Der gefundene Begriff - er sei "O" genannt - ist dann ein Oberbegriff des zu definierenden

Begriffes "B", wenn die Aussage "Jedes B ist ein O" bzw. "Jedes B zählt zu den O" wahr ist (vgl. Lorenz 1984, S. 1050). Die gesuchten Oberbegriffe haben nämlich dasselbe Hauptmerkmal wie der zu definierende Begriff, jedoch mindestens ein Nebenmerkmal weniger. Daher sind Oberbegriffe *allgemeinere* Begriffe (Lorenz 1984, S. 1050) im Sinne des oben beschriebenen Prüfverfahrens.

Dieses praktische Vorgehen vermittelt eine erste Einsicht in die logische Beziehung zwischen dem zu definierendem Begriff und seinen Oberbegriffen. Ein analytisches Verständnis dieser Beziehung gewinnt man aus folgender "Konstruktionsmethode" für Oberbegriffe, die eine Umkehrung des praktischen Vorgehens ist. Nach ihr findet man einen Oberbegriff, indem man von einem der Nebenmerkmale des zu definierenden Begriffs abstrahiert: Man trennt es gedanklich von den übrigen Merkmalen und sieht von ihm ab. Nimmt man genau ein Nebenmerkmal von dem zu definierenden Begriff weg, so gelangt man zu einem ihm unmittelbar übergeordneten Oberbegriff; nimmt man weitere Nebenmerkmale weg, so steigt man in der Begriffspyramide zu Oberbegriffen höherer Stufe auf. Von diesen Oberbegriffen ist hier der dem zu definierenden Begriff nächstübergeordnete zu wählen. Der dem Begriff *Banknote* nächstübergeordnete Oberbegriff beispielsweise ist *Bargeld*. *Geld* und weiter *Zahlungsmittel* sind entferntere Oberbegriffe von *Banknote*, die in der Begriffspyramide mindestens zwei Stufen höher stehen.

Ein Oberbegriff verhält sich zu dem zu definierenden Begriff wie eine Gattung zu einer ihr zugehörigen Art; er wird daher auch *Gattungsbegriff* genannt. Das oben erwähnte Nebenmerkmal erfaßt den *artbildenden Unterschied*, der die im zu definierenden Begriff erfaßte Art aus der übergeordneten Gattung heraushebt.

Einige Beispiele:

Begriff	Oberbegriffe
Fräsmaschine	Werkzeugmaschine
Kommandit-gesellschaft	Personengesellschaft
System der Kosten- und Leistungs-rechnung	Mathematisches Beschreibungsmodell

Falls Sie keinen Oberbegriff zu dem zu definierenden Begriff finden können: Vielleicht handelt es sich bei dem zu definierenden Begriff um einen Begriff größter Allgemeinheit (wie: *System*; *das Nichts*), um einen Begriff also, der an der "Spitze" einer Begriffspyramide steht. Zu solchen Begriffen existieren keine Oberbegriffe.

Weitere Beispiele:

Begriff	Oberbegriffe
Personen-kraftwagen	Kraftfahrzeug
Programmier-sprache	Künstliche Sprache; formale Sprache

Ein anspruchsvolleres Beispiel:

Begriff	Oberbegriffe
Abschreibungen	im Kontext 'Handelsrecht': Aufwand im Kontext 'Steuerrecht': Betriebsausgaben im Kontext 'Kosten-/Leistungsrechnung' Kosten

Ein Begriff kann in verschiedenen Kontexten verschiedenen Oberbegriffen unterzuordnen sein, wie im letztgenannten Beispiel deutlich wird.

4.4.1.2 Menüpunkt »Nebenbegriffe«

Nebenbegriffe stehen in der Begriffspyramide auf derselben Stufe wie der zu definierende Begriff: In Nebenbegriffen sind andere Arten derselben Gattung erfaßt. Sie sind ebenso wie der zu definierende Begriff einem der Oberbegriffe unterzuordnen, die Sie in der Dialogbox »Oberbegriffe« genannt haben.

Bis auf (mindestens) ein Nebenmerkmal haben die gesuchten Nebenbegriffe alle Merkmale mit dem zu definierenden Begriff gemein. Darauf basiert das analytische Vorgehen zur Bildung eines Nebenbegriffs: Man trennt (mindestens) eines der Nebenmerkmale des zu definierenden Begriffs gedanklich von den übrigen Merkmalen und ersetzt es durch ein anderes (vgl. dazu auch die einführenden Erläuterungen im vorstehenden Abschnitt).

In praxi wird man jedoch nach dem zu definierenden Begriff verwandten Begriffen suchen und anschließend prüfen, ob es sich bei einigen der gefundenen Begriffe um Nebenbegriffe handelt.

Einige Beispiele:

Begriff	Nebenbegriffe
Fräsmaschine	Drehmaschine, Schleifmaschine, ...
Kommandit-gesellschaft	Gesellschaft des bürgerlichen Rechts, offene Handelsgesellschaft
Programmier-sprache	Datenbankdefinitions- und -abfrage-sprache
Personen-kraftwagen	Lastkraftwagen, Omnibus, ...
Informations-management	Qualitätsmanagement, Umweltschutz-management, Kostenmanagement, ...

Ein anspruchsvolleres Beispiel:

Begriff	Nebenbegriffe
Abschreibungen	im Kontext 'Handelsrecht': andere Aufwandsarten im Kontext 'Steuerrecht': andere Betriebsausgaben im Kontext 'Kosten-/Leistungsrechnung' andere Kostenarten

4.4.1.3 Menüpunkt »Unterbegriffe«

Ausgehend vom zu definierenden Begriff verjüngt sich die Begriffspyramide zu den Oberbegriffen hin. Nach unten, zu den Unterbegriffen hin, erweitert sie sich jedoch. Der zu definierende Begriff wird seinerseits als Oberbegriff aufgefaßt und in seine Unterbegriffe eingeteilt. Die Einteilung kann unter verschiedenen Gesichtspunkten (Kriterien) vorgenommen werden. Diese Vorgehensweise bezeichnet man auch als *logische Einteilung* eines Begriffes (Merk 1985, S. 24 - 27).

Jeder der gesuchten Unterbegriffe hat dasselbe Hauptmerkmal wie der zu definierende Begriff; er hat jedoch mindestens ein Nebenmerkmal mehr. Dieses Nebenmerkmal macht jeweils den artbildenden Unterschied zwischen dem zu definierenden Begriff und den verschiedenen Unterbegriffen aus. Darauf gründet das analytische Vorgehen zur Bildung von Unterbegriffen: Man fügt entsprechend einem Einteilungskriterium zu dem zu definierenden Begriff verschiedene Zusatzmerkmale hinzu (vgl. dazu auch die einführenden Erläuterungen in Abschnitt 4.4.1).

Bei der Einteilung des zu definierenden Begriffs helfen Ihnen vielleicht die folgenden Hinweise, die auch der logischen Konsistenz der Einteilung dienlich sind:

- Bevor Sie die gefundenen Unterbegriffe anführen, sollten Sie das jeweils verwendete Einteilungskriterium vermerken. Dies erleichtert dem Leser Ihrer Definition das Verständnis der Einteilung.
- Die aus dem zu definierenden Begriff anhand eines Einteilungskriteriums abgeleiteten Unterbegriffe sollten sich gegenseitig ausschließen.
- Alle Unterbegriffe, die aus dem zu definierenden Begriff anhand eines Einteilungskriteriums abgeleitet worden sind, sollten in der Summe wieder den zu definierenden Begriff ergeben.

Einige Beispiele:

Begriff	Unterbegriffe
Kostenrechnung	Nach dem Zeitbezug der Kostengrößen: • Istkostenrechnung • Normalkostenrechnung • Plankostenrechnung Nach Art und Umfang der Kostenverrechnung: • Vollkostenrechnung • Teilkostenrechnung
Kostenkategorie (nach Schmalenbach)	• fixe Kosten • proportionale Kosten • degressive Kosten • progressive Kosten • regressive Kosten

Die in diesem Beispiel genannten Unterbegriffe des zu definierenden Begriffs *Kostenkategorie* erfassen die gesamte Extension dieses Begriffs (d.h. alle unter ihn fallenden Objekte).

Im nächsten Beispiel wird die logische Einteilung in mehreren Schritten bis auf die Ebene der Individualbegriffe fortgeführt:

1. Unterbegriffe des Begriffs *Programmiersprache:*

Begriff	Unterbegriffe
Programmiersprache	Nach dem Grad der Maschinennähe: • Binäre Maschinensprache • Assemblersprache • problemorientierte Programmiersprache

2. Unterbegriffe des Begriffs *problemorientierte Programmiersprache:*

Begriff	Unterbegriffe
problem- orientierte Programmier- sprache	Nach der Breite des Anwendungsgebiets: • allgemein problemorientierte P. • speziell problemorientierte P. Nach dem zugrundeliegenden Paradigma: • prozedurale P. • funktionale P. • objektorientierte P. • logische P.

3. Unterbegriffe des Begriffs *allgemein problemorientierte Programmiersprache:*

Begriff	Unterbegriffe
allgemein problem- orientierte Programmier- sprache	Nach dem vorrangigen Anwendungsgebiet: • allgemein problemorientierte P. für kaufmännische Anwendungen • allgemein problemorientierte P. für mathematische Anwendungen • allgemein problemorientierte P. für ingenieurwissenschaftliche Anw. • allgemein problemorientierte P. für naturwissenschaftliche Anw.

4. In dem Begriff *allgemein problemorientierte Programmiersprache für kaufmännische Anwendungen* erfaßte Individualbegriffe:

Begriff	Unterbegriffe
allgemein problem- orientierte Programmier- sprache für kaufmännische Anwendungen	• COBOL (Common Business Oriented Language) • PL/1 (Programming Language No. 1)

Ein letztes Beispiel:

Begriff	Unterbegriffe
Abschreibungen	(in den Kontexten 'Handelsrecht', 'Steuerrecht' und 'Kosten- und Leistungsrechnung') Nach der Planbarkeit: • planmäßige Abschreibungen • außerplanmäßige Abschreibungen

Die logische Einteilung in Unterbegriffe ist nicht mit dem nachfolgenden Kriterium »Struktur« zu verwechseln. In der logischen Einteilung wird der zu definierende *Begriff* in seine *Unterbegriffe* eingeteilt, unter »Struktur« wird das betrachtete *Objekt* gedanklich in seine *Bestandteile* zerlegt.

4.4.2 Kriteriengruppe »Beschreibung«

In der Kriteriengruppe »Beschreibung« sind acht Definitionskriterien zusammengefaßt:

- »Gestalt«,
- »Zwecke«,
- »Entstehung«,
- »Wirkungen«,
- »Herstellung/Instrumente«,
- »Struktur«,
- »Kennzeichnende Eigenschaften« und
- »Ausschließende Eigenschaften«.

Mittels dieser acht Definitionskriterien lassen sich die Eigenschaften der im Begriff erfaßten Objekte beschreiben. Im weiteren wird anstatt von "den im Begriff erfaßten Objekten" auch kurz von "dem betrachteten Objekt" gesprochen, und zwar aus folgendem Grund: Erfaßt der Begriff mehrere Objekte, so sind diese gleichartig (Näheres dazu in Abschnitt 3.1). Mit "dem betrachteten Objekt" ist dann das "typische" im Begriff erfaßte Objekt gemeint - stellvertretend für die übrigen Objekte.

Je nach Art des Begriffes sind Angaben zu unterschiedlichen Kriterien geeignet bzw. erforderlich, um die Eigenschaften des betrachteten Objekts zu beschreiben:

- Konkrete Begriffe (wie: *Montagefließband, Fräsmaschine, Molekül, Funkenerodieren*) beziehen sich auf physische und daher - zumindest prinzipiell - mit den menschlichen Sinnesorganen wahrnehmbare Objekte. Konkrete Begriffe sind meist der unmittelbaren Anschauung zugänglich. Das kann man sich bei ihrer Definition zunutze machen, indem man eine Beschreibung der Gestalt des betrachteten Objekts (»Gestalt«) in den Mittelpunkt der Definition stellt. Diese Beschreibung soll im Bewußtsein des Lesers ein Bild des Objekts entstehen lassen. Wichtig ist ferner die Spezifikation der Zwecke (»Zwecke«), denen das betrachtete Objekt dient. Zusätzliche Angaben zur (natürlichen) Entstehung (»Entstehung«) oder (künstlichen) Herstellung (»Herstellung/Instrumente«) des Objekts und zu seinen Bestandteilen (»Struktur«) vervollständigen in der Regel die Definition eines konkreten Begriffs.
- Die Fachbegriffe der Wirtschaftswissenschaften sind jedoch meist abstrakte Begriffe (wie: *interner Zinsfuß, strategisches Management, geplante Obsoleszens*), die sich auf wenig anschauliche Objekte beziehen. Das erschwert einerseits das Verständnis dieser Begriffe. Ande-

rerseits verführt das zum Gebrauch fachsprachlicher Ausdrücke als "Schlagwörter", deren Bedeutung weder dem Sprechenden noch dem Zuhörer wirklich klar ist. Daher sind gerade bei solchen Begriffe präzise Definitionen für wirkliche Verständigung unverzichtbar. Wesentliche Bausteine der Definition eines wirtschaftswissenschaftlichen Begriffs sind oft

- die Spezifikation der Zwecke (»Zwecke«), denen das betrachtete Objekt dient;
- die Beschreibung der Methode bzw. Formel, die bei der Herstellung bzw. Berechnung des betrachteten Objekts verwendet wird (»Herstellung/Instrumente«).

Mit dem Kriterium »Kennzeichnende Eigenschaften« werden weitere Eigenschaften des betrachteten Objekts angesprochen, die vom übrigen Kriterienraster nicht erfaßt werden. Das Kriterium »Ausschließende Eigenschaften« erfaßt Eigenschaften, die ein Objekt von der Zuordnung zu dem zu definierenden Begriff ausschließen.

4.4.2.1 Menüpunkt »Gestalt«

Dieser Menüpunkt sollte (und kann) nur bei Begriffen gewählt werden, die sich auf physische Objekte beziehen. Ein solches Objekt besitzt normalerweise eine (äußere) Gestalt und bestimmte weitere physische Charakteristika. Damit sind Eigenschaften wie Form, Größe, Farbe, Stoff (Material, Substanz), Gewicht, Geschmack und Geruch des betrachteten Objekts angesprochen. Die Beschreibung dieser Eigenschaften soll im Bewußtsein des Lesers das Bild des "typischen" im Begriff erfaßten Objekts entstehen lassen.
Einige Beispiele:

Begriff	Gestalt der Objekte
Präsentations-graphik	Graphische Darstellung meist numerischer Daten in Form von Linien-, Flächen-, Balken-, Torten- und Symplexdiagrammen.
Verpackung	Lösbare Umhüllung von Gütern in Form von Kisten, Kartons, Flaschen und Dosen aus Blech, Pappe, Kunststoffen. Außenmaße meist ganzzahliger/s Teil/ Vielfaches der Grundmaße 400 x 600 mm

Die Beschreibung der Form, die den Objekten eigen ist, und des Stoffes, aus dem sie bestehen, verwendete bereits *Aristoteles* als Mittel der Definition. Er bezeichnete diese Definitionskriterien als *causa formalis* bzw. *causa materialis* (vgl. Müller-Merbach 1991, S. 211).

4.4.2.2 Menüpunkt »Zwecke«

Das im zu definierenden Begriff erfaßte Objekt kann als Mittel angesehen werden, mit dem ein bestimmter Zweck erfüllt werden soll.

Einige Beispiele:

Begriff	Zwecke bzw. Ziele der Objekte
Kostenrechnung	▪ Abbildung des Betriebsprozesses ▪ Planung und Steuerung des Betriebsprozesses ▪ Kontrolle des Betriebsprozesses
Cost-Center	Erzielung eines gegebenen Outputs bei minimalen Kosten
Dreifach-wirksamer Abgas-katalysator	Verringerung der Emissionen an Kohlenmonoxid, Stickoxiden und unverbrannten Kohlenwasserstoffen
Programm	Ablaufsteuerung einer Datenverarbeitungsanlage

Handelt es sich bei dem betrachteten Objekt um eine Person, eine Personengruppe oder eine Organisation, ist die Frage abzuwandeln: Anstatt nach den Zwecken ist nach den Zielen (den *Endzwecken*; vgl. Schäfer 1980, S. 333) zu fragen. In diesem Fall ist das betrachtete Objekt Träger der hier zu nennenden Ziele.

Dazu zwei Beispiele:

Begriff	Zwecke bzw. Ziele der Objekte

Unternehmung	▪ Unternehmungszweck:
	  ▪ 'Geschäftsidee', 'Company Mission'
	▪ Unternehmungsziele:
	  ▪ Erwerbswirtschaftliche Ziele
	  ▪ Unabhängigkeits- bzw. Vereinigungsstreben
	  ▪ Streben nach Ansehen und Macht
	  ▪ Sittliche und soziale Ziele

Kartell	Beschränkung des Wettbewerbs zugunsten der beteiligten Unternehmungen

Dient das im Begriff erfaßte Objekt mehreren Zwecken bzw. werden mehrere Ziele verfolgt, so können Sie ergänzend die Beziehungen der Zwecke bzw. Ziele zueinander charakterisieren. Es gibt fünf Arten von Beziehungen, in denen Zwecke bzw. Ziele zueinander stehen können: Sie können voneinander unabhängig sein (Indifferenz), sich gegenseitig fördern (Komplementarität) oder beeinträchtigen (Konkurrenz), zusammenfallen (Identität) oder einander ausschließen (Antinomie; vgl. Mag 1984, S. 17).

Die Begriffe *Zweck* bzw. *Ziel* und *Mittel* sind relative Begriffe. Das bedeutet: Objekte können, abhängig vom Betrachtungszusammenhang, einmal als *Mittel*, einmal als *Zweck* bzw. *Ziel* erscheinen. In einer Zielhierarchie nehmen die jeweils höherrangigen Ziele die Rolle von Zwecken, die untergeordneten Ziele die Rolle von Mitteln zur Erreichung der höherrangigen Ziele ein (vgl. Mag 1984, S. 17).

Bereits *Aristoteles* verwendete die Angabe der Zwecke bzw. Ziele von Objekten als Definitionskriterium. Er bezeichnete es als *causa finalis* (vgl. Müller-Merbach 1991, S. 211).

Ein Beispiel aus der Kostenrechnung:

Begriff	Zwecke bzw. Ziele der Objekte
Kosten-bewertung	• Einsatzmengen unterschiedlicher Produktionsfaktoren sollen addierbar gemacht werden... • ...und den ebenfalls in Geldgrößen bewerteten Leistungen zum Zweck der Betriebsergebnisrechnung gegenübergestellt werden können.

Ein Beispiel aus dem externen Rechnungswesen:

Begriff	Zwecke bzw. Ziele der Objekte
Bilanzpolitik	• Unmittelbarer Zweck: Beeinflussung der Steuerlasten der Unternehmung und der Ergebnisse, die von den Gesellschaftern zur Entnahme bzw. Ausschüttung oder offenen Thesaurierung verwendet werden können oder an denen Ansprüche Dritter (z. B. Gewinnanteile des Geschäftsführers, sog. 'Tantiemen') anknüpfen. • Mittelbare Zwecke: Beeinflussung verschiedener unternehmensinterner und -externer Adressaten der Rechnungslegung ('public relations', kreditgebende Banken, Konkurrenten). In Zeiten günstiger Ertrags- und Vermögenslage bezweckt die Bilanzpolitik meist eine Verlagerung bilanzieller Gewinne in die Zukunft (Ergebnisglättung).

4.4.2.3 Menüpunkt »Entstehung«

Dieses Definitionskriterium läßt sich nur auf Begriffe anwenden, in denen *natürlich* entstandene Objekte erfaßt sind. *Natürlich* ist dabei im weitesten Sinne zu verstehen: Mit *natürlicher Entstehung* ist hier die Entstehung im Rahmen eines biologischen Vorgangs oder infolge einer historischen Entwicklung gemeint. Bezieht sich der zu definierende Begriff auf in diesem Sinne "natürlich" entstandene Objekte, so ist hier der biologische oder historische Entstehungsprozeß zu beschreiben.

Bitte beachten Sie: Die Frage nach der Entstehung des betrachteten Objekts ist von der Frage nach dessen (künstlicher) Herstellung zu unterscheiden (zum Definitionskriterium »Herstellung/Instrumente« vgl. Abschnitt 4.4.2.5).

Ein Beispiel:

Begriff	Entstehung der Objekte
Unternehmungs-krise	Ursachen innerhalb der Einflußsphäre der Unternehmung: ▪ Führungsfehler (Mißmanagement, Fehler der Betriebsleitung) ▪ Unzureichende Eigenkapital-ausstattung Ursachen außerhalb der Einflußsphäre der Unternehmung: ▪ Konjunkturelle Fehlentwicklungen ▪ Strukturelle Veränderungen im wirtschaftlichen Umfeld

Weitere Beispiele:

Begriff	Entstehung der Objekte
Industrielle Revolution	Einführung neuer Kraft- und Arbeits-maschinen; Elektrifizierung; Computerisierung
Stagflation	Zusammentreffen von wirtschaftlicher Stagnation und Inflation.

Die Beschreibung der (die Entstehung) *bewirkenden Ursache*, der *causa efficiens*, benutzte bereits *Aristoteles* als Mittel der Definition (vgl. Müller-Merbach 1991, S. 211).

4.4.2.4 Menüpunkt »Wirkungen«

Das im Begriff erfaßte Objekt bewirkt typischerweise etwas, es zieht beabsichtigte und unbeabsichtigte Wirkungen nach sich. Zu diesen Wirkungen steht es in einem Ursache-Wirkungs-Zusammenhang.

Die *beabsichtigten* Wirkungen ergeben sich in vielen Fällen aus den Zwecken, denen etwas dient. Das im Begriff erfaßte Objekt wird planvoll als Mittel eingesetzt, um eine bestimmte Wirkung zu erreichen. Die *unbeabsichtigten* Wirkungen hingegen werden teils bewußt in Kauf genommen (wie die volkswirtschaftlichen Auswirkungen eines Streiks), teils treten sie ein, weil die zugrundeliegenden Ursache-Wirkungs-Zusammenhänge unbekannt sind (wie bei manchen Arten der Umweltbelastung) oder übersehen werden, und teils sind sie unabwendbar (wie die Folgen der Zahlungsunfähigkeit).

Einige Beispiele:

Begriff	Wirkungen der Existenz der Objekte
Corporate Identity	• Erzeugen eines Corporate Image, das ist ein klar strukturiertes Vorstellungsbild der Unternehmung in der Öffentlichkeit
Kontraktion (Rezession; eine Konjunkturphase)	• In der Boomphase bei überhöhtem Zinsniveau durchgeführte Investitionen werden infolge eintretender Preisstabilität unrentabel. • Rückgang der privaten Investitionen. • Stillstand des privaten Konsums. • Gewinne und Lohnsumme sinken. • Unternehmenskrisen treten auf.
Zahlungsunfähigkeit	Unmittelbare Folge: • Einstellung der Zahlungen Mittelbare Folge: • Konkurs der Unternehmung

4.4.2.5 Menüpunkt »Herstellung/Instrumente«

Objekte, die nicht biologisch oder historisch *entstanden* sind, verdanken ihre Existenz einem *(künstlichen) Herstellungsprozeß* bzw. dem Einsatz bestimmter *Instrumente.* Das Definitionskriterium »Herstellung/Instrumente« läßt sich auf Begriffe anwenden, die sich auf solche künstlich verfertigten Objekte beziehen, und zwar auf physische und nicht-physische Objekte:

- Bezieht sich der zu definierende Begriff auf ein künstlich hergestelltes physisches Objekt, so ist mit dem Definitionskriterium »Herstellung/Instrumente« das in der Regel technische Verfahren angesprochen, mittels dessen man das betrachtete Objekt herstellt.
- Ein nicht-physisches Objekt hingegen kann beispielsweise durch ein bestimmtes methodisches Vorgehen erstellt oder aus einer mathematischen Beziehung ermittelt werden; in anderen Fällen beruht seine Existenz auf dem Einsatz bestimmter Instrumente. Bezieht sich der zu definierende

Begriff auf ein solches Objekt, so ist hier die Methode zu beschreiben bzw. die mathematische Beziehung zu nennen; in anderen Fällen sind die Instrumente anzugeben, auf denen das Objekt basiert.

Ein Beispiel:

Begriff	Herstellung der Objekte/Instrumente
Lineare Abschreibung	Der Abschreibungsbetrag pro Periode ergibt sich aus dem Quotienten "ursprünglicher Wertansatz - Restwert" / Nutzungsdauer in Perioden, wobei 'ursprünglicher Wertansatz' für - die Anschaffungs- oder Herstellungskosten oder für - die Wiederbeschaffungskosten steht.
Projekt-management	Netzplantechnik
Konjunktur-prognose	Ökonometrische Schätzverfahren wie die multiple lineare Regression

Diese Art der Definition, bei der der Begriff im Bewußtsein aus mehreren Teilbegriffen gleichsam zusammengesetzt wird, bezeichnet man auch als *synthetische Definition* (Merk 1985, S. 23). Das umgekehrte Vorgehen findet sich in der *analytischen Definition* (vgl. dazu die Ausführungen im folgenden Abschnitt zum Definitionskriterium »Struktur«).

4.4.2.6 Menüpunkt »Struktur«

Das im Begriff erfaßte Objekt kann im Geiste in seine Bestandteile zerlegt werden:

- Ein physisches Objekt läßt sich im allgemeinen in seine physischen Bestandteile zerlegen - zumindest in der Vorstellung. Die Zerlegung führt den Aufbau des betrachteten Objekts vor Augen.

- Ein nicht-physisches Objekt läßt sich in der Regel in mehrere logische Bestandteile zerlegen: So läßt sich ein mathematisches Modell in einzelne Gleichungen bzw. Ungleichungen, diese weiter in Variablen, Konstanten und Operatoren zerlegen; ein Prozeß läßt sich in Teilprozesse zerlegen; aus einem Geflecht von Wechselbeziehungen lassen sich einzelne Beziehungen herausgreifen und näher betrachten.

Einige Beispiele:

Begriff	Struktur der Objekte
Gezogener Wechsel (Tratte) nach Art. 1 Wechselgesetz	Urkunde mit folgenden Angaben: • die Bezeichnung "Wechsel" im Text; • unbedingte Anweisung, eine bestimmte Geldsumme zu zahlen; • der Name dessen, der zahlen soll (Bezogener); • der Name dessen, an den oder an dessen Order gezahlt werden soll (Remittent); • Ort und Datum der Ausstellung; • Name des Ausstellers.
Bilanz	Eine Bilanz gliedert sich in Aufstellungen • des Vermögens (Aktiva) und • des Kapitals (Passiva).
Algorithmus	Grundbestandteile eines Algorithmus sind: • die Reihung (Sequenz) von Befehlen; • die Auswahl (Selektion) verschiedener Befehle bzw. Befehlssequenzen; • die Wiederholung (Iteration) bestimmter Befehle bzw. Befehlssequenzen.

Diese Art der Definition, bei der der Begriff im Bewußtsein in mehrere Teilbegriffe zerlegt wird, bezeichnet man auch als *analytische Definition* (Merk 1985, S. 22). Das umgekehrte Vorgehen findet sich in der *synthetischen Definition* (vgl. dazu Abschnitt 4.4.2.5, Definitionskriterium »Herstellung/Instrumente«).

4.4.2.7 Menüpunkt »Kennzeichnende Eigenschaften«

Neben den im Kriterienraster von *Sokrataris* berücksichtigten Kriterien wie »Zwecke«, »Wirkungen« oder »Struktur« kann das im Begriff erfaßte Objekt weitere Eigenschaften aufweisen.

Ein Beispiel:

Begriff	Kennzeichnende Eigenschaften
Handelsvertreter	Geregelt in den §§ 84, 86, 88 bis 92 des Handelsgesetzbuches; ergänzende Regelungen in den §§ 273, 278, 611, 613, 666, 667, 675 des Bürgerlichen Gesetzbuches

4.4.2.8 Menüpunkt »Ausschließende Eigenschaften«

Manche Eigenschaften schließen ein Objekt von der Zuordnung zu dem zu definierenden Begriff aus, weshalb man hier von ausschließenden Eigenschaften spricht. Anstatt alle gemeinsamen Eigenschaften der dem Begriff zuzuordnenden Objekte erschöpfend aufzuzählen, kann man auch typische Eigenschaften von Objekten nennen, die nicht dem Begriff zuzuordnen sind. Das ist bisweilen einfacher. Auf diese Weise wird der Begriff gleichsam "negativ" definiert.

Ein Beispiel:

Begriff	Ausschließende Eigenschaften
Teilnahmeberechtigter bei einem Preisausschreiben	Jeder, der nicht Mitarbeiter oder Angehöriger eines Mitarbeiters der ausrichtenden Institution ist.

4.4.3 Kriteriengruppe »Begriffsabgrenzung/Sonstiges«

In der Kriteriengruppe »Begriffsabgrenzung/Sonstiges« sind sechs Definitionskriterien zusammengefaßt:

- »Zu unterscheidende Begriffe«,
- »Gegensätzliche Begriffe«,
- »Bedeutungsgleiche Ausdrücke«,
- »Analogien«,
- »Querverweise« und
- »Kommentare und Aphorismen«.

In manchen Fällen wird es leicht mit dem zu definierenden Begriff zu verwechselnde (»Zu unterscheidende Begriffe«) oder ihm entgegengesetzte Begriffe (»Gegensätzliche Begriffe«) geben. Diese Begriffe können unter den beiden ersten Kriterien genannt und die Merkmale herausgearbeitet werden, die diese Begriffe von dem zu definierenden Begriff unterscheiden.

In vielen Fällen wird sich die Benennung des zu definierenden Begriffs durch einen bedeutungsgleichen Ausdruck (»Bedeutungsgleiche Ausdrücke«) ersetzen lassen.

Der Vergleich des zu definierenden mit einem ihm ähnlichen Begriff (»Analogien«) erfüllt oft den Zweck einer Definition in besonders geschickter Weise. Mittels dieses Kriteriums läßt sich das Augenmerk auf diejenigen Merkmale lenken, die der zu definierende Begriff mit anderen Begriffen gemein hat.

Gerade bei wirtschaftswissenschaftlichen Fachbegriffen kann man kaum eine Definition geben, die nur auf einfache, unmittelbar verständliche Begriffe rekurriert. Meist werden Fachbegriffe in ihren Definitionen auf andere Fachbegriffe zurückgeführt. Diesem Umstand wird hier Rechnung getragen: Das Kriterienraster sieht auch »Querverweise« vor, in denen diese anderen Fachbegriffe zusammengestellt werden können und wo auf deren Definitionen verwiesen werden kann. Solche Querverweise werden üblicherweise auch in Nachschlagewerken verwandt und mit einem kleinen Pfeil (↑) versehen. Auch die Hilfetexte von *Sokrataris* sind durch Querverweise miteinander verknüpft.

Schließlich ist unter »Kommentare und Aphorismen« Raum für zusätzliche Erläuterungen und manche erfrischend paradoxe oder ironische "Definition".

4.4.3.1 Menüpunkt »Zu unterscheidende Begriffe«

Mancher Begriff könnte leicht mit dem zu definierenden Begriff verwechselt werden und sollte daher deutlich von ihm unterschieden werden. Das Augenmerk wird dabei auf diejenigen Merkmale beider Begriffe gelenkt, die nicht übereinstimmen.

Zwei Beispiele:

Begriff	Zu unterscheidende Begriffe
Rücklagen	Rückstellungen Rücklagen werden in der Regel aus nicht ausgeschütteten Gewinnanteilen gebildet; sie sind daher Bestandteil des Eigenkapitals. Rückstellungen hingegen werden für Verpflichtungen gebildet, deren Höhe und Fälligkeit noch nicht genau feststeht; sie zählen zum Fremdkapital.
Kostenarten	Kostenkategorien Kostenarten sind die Teilmengen der Gesamtkosten, die nach der Art der ver- bzw. gebrauchten Güter bzw. Dienstleistungen gebildet werden. Kostenkategorien hingegen sind die nach ihrem Verhalten bei Beschäftigungsschwankungen unterschiedenen Teilmengen der Gesamtkosten.

Eine solche Unterscheidung ist insbesondere auch dann als Mittel der Definition zu empfehlen, wenn das Wort, das den Begriff repräsentiert, mehrdeutig ist, also in ähnlichem Kontext unterschiedliche Bedeutungen haben kann.

Dazu ein Beispiel:

Begriff	Zu unterscheidende Begriffe
Absatz (= die Menge der in einer Zeiteinheit von einer Unternehmung veräußerten Güter)	▪ 'Absatz' entsprechend den nebenstehend bezeichneten Gütern, multipliziert mit ihren Preisen. ▪ 'Absatz' im Sinne der Schlußphase des innerbetrieblichen Umsatzprozesses, der aus den Geldbewegungen im Beschaffungs-, Produktions- und Absatzbereich besteht.

Mehrdeutige Wörter nennt man *Homonyme*.

Die Unterscheidung leicht zu verwechselnder Begriffe ist ein didaktisch geschicktes Mittel der Definition. Das unterstreicht schon der alte Satz "Qui bene docet, bene distinguit" (Gut lehrt der, der klar unterscheidet; vgl. Merk 1985, S. 20).

4.4.3.2 Menüpunkt »Gegensätzliche Begriffe«

In manchen Fällen lassen sich Gegensätze zu dem zu definierenden Begriff finden. Dabei ist insbesondere an Begriffe gedacht, die dem zu definierenden Begriff widersprechen, mit ihm einen *kontradiktorischen Gegensatz* bilden (Merk 1985, S. 17 und S. 25).

Einige Beispiele:

Begriff	Gegensätzliche Begriffe
Gewinn	Verlust
Kapitalwertmethode	Vermögensendwertmethode
Hausse (steigende Börsenkurse)	Baisse (sinkende Börsenkurse)

4.4.3.3 Menüpunkt »Bedeutungsgleiche Ausdrücke«

Unter dem Menüpunkt »Bedeutungsgleiche Ausdrücke« können Sie Synonyme für den sprachlichen Ausdruck, den Sie ursprünglich für den zu definierenden Begriff verwendet haben, angeben. Haben Sie den Begriff ursprünglich mit einem Fremdwort benannt, genügt oft die Angabe eines deutschen Synonyms, um den Zweck einer Definition zu erfüllen.

Einige Beispiele dazu:

Begriff	Bedeutungsgleiche Ausdrücke
Break-Even-Punkt	Gewinnschwelle, Deckungspunkt, Gewinnpunkt
Impondera-bilien	Einflüsse von unberechenbarer Wirkung, Unwägbarkeiten
Interdependenz	wechselseitige Abhängigkeit
Kapitalwert	Barwert, Gegenwartswert

Eine derartige Definition, die die Bedeutung eines Begriffes durch Angabe eines anderen sprachlichen Ausdrucks für ihn vermittelt, nennt man *Nominaldefinition.*

Die Grenze zwischen der Real- und der Nominaldefinition ist fließend, da als "ersetzende" Ausdrücke bei der Nominaldefiniton nicht nur einzelne Wörter, sondern auch Wortverbindungen zugelassen sind. Nach Meinung von *Pawlowski* besteht in den Wissenschaften eine Tendenz dazu, allgemein anerkannte Realdefinitionen im Laufe der Zeit als Nominaldefinitionen anzusehen: Die Worte der Realdefinition werden zum "stehenden Ausdruck", die Realdefinition wandelt sich zur Nominaldefinition (vgl. Pawlowski 1980, S. 30).

4.4.3.4 Menüpunkt »Analogien«

Der zu definierende Begriff kann in manchen Fällen auch mittels einer oder mehrerer Analogien veranschaulicht werden. Ein "analoger" Begriff ist dem zu definierenden ähnlich, er stimmt also in wesentlichen Merkmalen mit ihm überein (vgl. Lotz 1976, S. 11 - 13; vgl. Merk 1985, S. 21). Zwischen dem "analogen" Begriff und dem zu definierenden Begriff stellt man einen Vergleich her, wie die beiden folgenden Beispiele zeigen:

Begriff	Analogie
Diathermasie	Diathermasie ist in bezug auf Wärmestrahlen, was Transparenz in bezug auf Lichtstrahlen ist.
Aufbau einer Unternehmung	Aufbau eines biologischen Organismus

4.4.3.5 Menüpunkt »Querverweise«

Bei der Definition eines Begriffs wird man häufig auf andere Begriffe zurückgreifen müssen, die ihrerseits der Definition bedürfen. Unter »Querverweise« können Sie diese Begriffe benennen.

Zusätzlich können Sie vermerken, wo Definitionen dieser Begriffe zu finden sind. Das könnte beispielsweise eine Literaturstelle oder eine *Sokrataris*-Datensatzdatei sein.

Zwei Beispiele:

Begriff	Querverweise
Keynessche Lehre	volkswirtschaftliches Gleichgewicht; Markträumung; Krise; unvollkommener Wettbewerb; Unsicherheit; Konsumfunktion; (...) Siehe: Kromphardt, J.: Konzeptionen und Analysen des Kapitalismus. Göttingen: 1980.
Betriebsergebnis	Kosten; Leistungen. Siehe: KOSTEN.SOK; LEISTUNG.SOK.

4.4.3.6 Menüpunkt »Kommentare und Aphorismen«

Diese Dialogbox bietet Raum für Kommentare im Sinne ergänzender Hinweise, beispielsweise für ausführliche Quellenangaben, falls Sie Definitionen aus der Literatur bearbeitet haben.

Möglicherweise möchten Sie die erarbeitete Definition durch einen Aphorismus abrunden. Darunter ist eine prägnante, geistreiche Formulierung zu verstehen, die die Bedeutung des Begriffs ironisch-verfremdend, aber eindrücklich vermittelt.

Beispiele zu Aphorismen:

Begriff	Aphorismen
Wohlstand	Wohlstand ist Mangel an Mangel. (Rupert Schützbach, Aphoristiker)
Technischer Fortschritt	Technischer Fortschritt ist der Takt, mit dem der Wettbewerbsmarsch der Zukunft dirigiert wird. (Heiner Müller-Merbach)
Intuition	Intuition ist die gefühlsmäßige Anwendung des Verstandes. (Gerd Uhlenbruck, Aphoristiker)
Papier	Papier ist der Stoff, aus dem die Bäume sind. (Gerd Uhlenbruck, Aphoristiker)

4.5 Menü »Dialog«

Sie können den Dialog mit *Sokrataris* auf unterschiedliche Weise führen, was Sie in diesem Menü festlegen können. Drei Dialogmodi stehen zur Wahl:

- »Geführtes Erarbeiten« (Abschnitt 4.5.1),
- »Beantworten von Fragen« (Abschnitt 4.5.2) und
- »Wahlfreies Eingeben« (Abschnitt 4.5.3).

Voreingestellt ist der Dialogmodus »Wahlfreies Eingeben« (Bild 53).

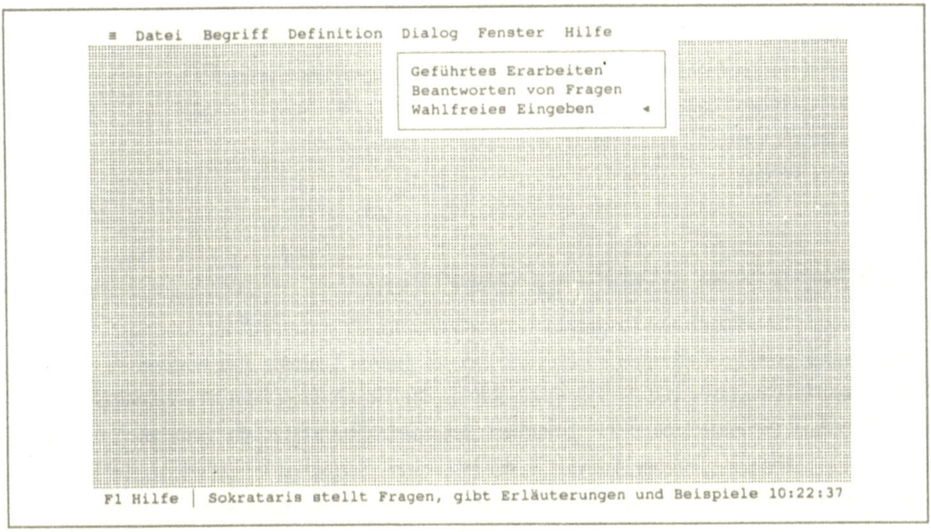

Bild 53: Das Menü »Dialog«

4.5.1 Menüpunkt »Geführtes Erarbeiten«

Der Dialogmodus »Geführtes Erarbeiten« hilft dem noch wenig erfahrenen Benutzer beim Anfertigen einer neuen Definition. Das Arbeiten in diesem Dialogmodus gleicht dem Durchblättern eines Fragenkataloges, in dem jede Frage ausführlich erläutert und mit Antwortbeispielen verdeutlicht wird.

In diesem Dialogmodus geht *Sokrataris* "von oben nach unten" durch das Kriterienraster und stellt Fragen zu allen Definitionskriterien, die als Menüpunkte in den Menüs »Begriff« und »Definition« aufgelistet sind. Zu jedem Definitionskriterium erscheint eine Dialogbox, die eine Frage und ein Eingabefeld für die Antwort enthält. Zusammen mit der Dialogbox wird jeweils der zugehörige Hilfetext eingeblendet. In diesem Hilfetext wird das in Frage stehende Definitionskriterium näher erläutert und anhand einiger Beispiele verdeutlicht.

4.5.2 Menüpunkt »Beantworten von Fragen«

Der Dialogmodus »Beantworten von Fragen« ist für den geübten Benutzer empfehlenswert, der eine neue Definition erstellen möchte. Auch das Arbeiten in diesem Dialogmodus gleicht dem Durchblättern eines Fragenkataloges.

Wie im Dialogmodus »Geführtes Erarbeiten« geht *Sokrataris* auch hier "von oben nach unten" durch das Kriterienraster und stellt Fragen zu allen Definitionskriterien, die als Menüpunkte in den Menüs »Begriff« und »Definition« aufgelistet sind. Zu jedem Definitionskriterium erscheint eine Dialogbox, die eine Frage und ein Eingabefeld für die Antwort enthält. Die Hilfetexte zu den einzelnen Definitionskriterien werden nicht automatisch angezeigt, sind aber auch in diesem Dialogmodus abrufbar. Sie können nach Erscheinen der zugehörigen Dialogbox
- durch Drücken der Taste <F1> oder
- durch Mausklick auf »F1 Hilfe« in der Statuszeile

eingeblendet werden.

4.5.3 Menüpunkt »Wahlfreies Eingeben«

Der Dialogmodus »Wahlfreies Eingeben« ist voreingestellt. Er eignet sich insbesondere dazu, eine bereits früher erstellte Definition zu überarbeiten. In diesem Dialogmodus bestimmen Sie selbst Reihenfolge und Auswahl der Kriterien, die Sie zur Definition eines Begriffes verwenden möchten. Zu jedem Definitionskriterium formuliert *Sokrataris* eine Frage, die zusammen mit einem Eingabefeld für die zugehörige Antwort in der jeweiligen Dialogbox enthalten ist, die Sie durch Anwahl eines Menüpunkts in den Menüs »Begriff« und »Definition« abrufen können.

Zunächst ist nur der Menüpunkt »Begriff« im Menü »Begriff« wählbar, und zwar aus zwei Gründen: Erstens sollte eine Definition sinnvollerweise mit der Angabe des zu definierenden Begriffs beginnen. Zweitens schaffen die Angaben in dieser Dialogbox und der (automatisch folgenden) Dialogbox »konkret/abstrakt« die Voraussetzungen dafür, daß *Sokrataris* die Fragen zu den übrigen Definitionskriterien mit Bezug auf den zu definierenden Begriff formulieren kann. Wenn Sie eine als Datensatzdatei gespeicherte Definition geladen haben, sind natürlich alle Menüpunkte in den Menüs »Begriff« und »Definition« wählbar. Eine Ausnahme bildet der Menüpunkt »Gestalt« im Menü »Definition«: Er ist nur dann wählbar, falls der zu definierende Begriff ein *konkreter Begriff* (vgl. dazu Abschnitt 4.3.2) ist.

4.6 Menü »Fenster«; Funktionssymbole in Textfenstern

Die in *Sokrataris* gerade bearbeitete Definition kann als zusammenhängender Text, geordnet nach den verschiedenen Kriterien, in einem eigenen Fenster dargestellt werden, dem *Definitionstext-*

fenster. Das Menü »Fenster« erlaubt das Öffnen, die Handhabung und das Schließen des Definitionstextfensters (Bild 54).

Neben dem Definitionstextfenster für die gerade bearbeitete Definition können weitere Textfenster geöffnet werden, um z.B. früher erstellte, als Textdateien gespeicherte Definitionen ansehen zu können. Dazu benutzen Sie bitte den Menüpunkt »Laden einer Textdatei« im Menü »Datei« (Näheres in Abschnitt 4.2.2); nach dem Laden einer Textdatei öffnet sich automatisch das zugehörige Textfenster. Auch die Handhabung und das Schließen dieser Textfenster ist über das Menü »Fenster« möglich.

Ferner kann über dieses Menü die Zahl der auf dem Bildschirm darstellbaren Zeilen eingestellt werden.

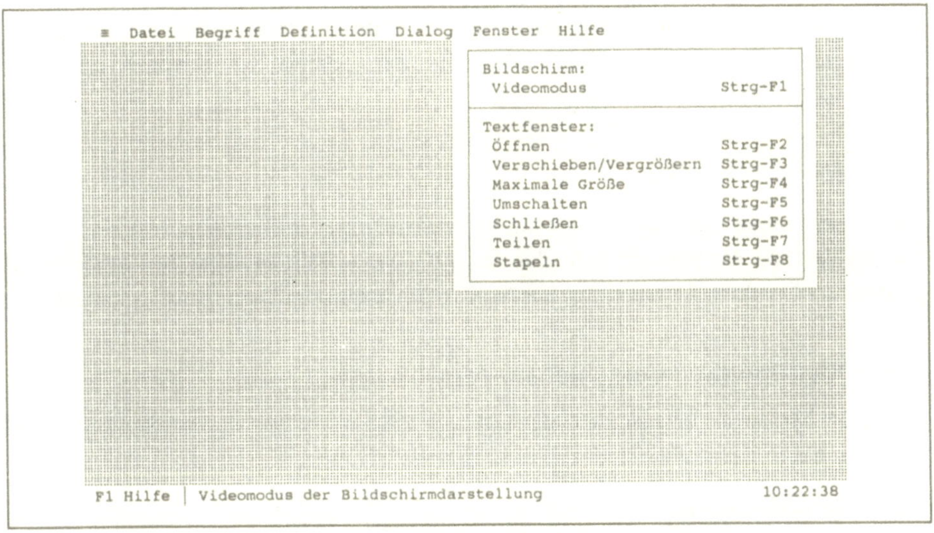

Bild 54: Das Menü »Fenster«

Die Punkte dieses Menüs sind zu zwei Funktionsgruppen zusammengefaßt:

- Funktionsgruppe »Bildschirm« und
- Funktionsgruppe »Textfenster«.

Die erste Funktionsgruppe enthält nur einen Menüpunkt, »Videomodus«. Mit ihm können Sie die Zahl der Bildschirmzeilen von 25 auf 50 Zeilen erhöhen bzw. wieder von 50 auf 25 Zeilen reduzieren.

Die zweite Funktionsgruppe, »Textfenster«, umfaßt alle Menüpunkte zur Handhabung der Textfenster. Ist ein Textfenster geöffnet, so können Sie

- seine Größe und/oder seine Lage auf dem Bildschirm verändern (Menüpunkt »Verschieben/Vergrößern«);
- es in einem Schritt auf Bildschirmgröße vergrößern (Menüpunkt »Maximale Größe«)
- und wieder schließen (Menüpunkt »Schließen«).

Sind zwei oder mehrere Textfenster geöffnet, so können Sie zusätzlich

- zwischen ihnen umschalten (Menüpunkt »Umschalten«),
- alle geöffneten Textfenster nebeneinander auf dem Bildschirm anzeigen lassen (Menüpunkt »Teilen«) oder
- alle geöffneten Textfenster überlappend darstellen (Menüpunkt »Stapeln«).

4.6.1 Menüpunkt »Videomodus«

Durch Anwahl dieses Menüpunkts schalten Sie zwischen den beiden Videomodi um. Bei 25 Zeilen wird das Zeichenformat 16x8, bei 50 Zeilen das Zeichenformat 8x8 verwendet; die Anzahl der darstellbaren Spalten bleibt also unverändert.

4.6.2 Menüpunkt »Öffnen«

Nach Anwahl dieses Menüpunkts öffnet sich im unteren Drittel der Bildschirmfläche ein Textfenster, das den Text der gegenwärtig bearbeiteten Definition enthält. Ist dieses Textfenster bereits geöffnet, wird es durch Anwahl dieses Menüpunkts aktiviert und im Vordergrund dargestellt.

4.6.3 Menüpunkt »Verschieben/Vergrößern«

Mit diesem Menüpunkt können Sie Größe und Lage des aktiven Textfensters verändern. Dabei gehen Sie in drei Schritten vor:

1. <u>Anwahl des Menüpunkts</u>

   Zunächst wählen Sie den Menüpunkt »Vergrößern/Verschieben« im Menü »Fenster« an. Der Rahmen des aktiven Textfensters wird danach nicht mehr als helle Doppellinie, sondern als matte Einzellinie dargestellt.

2. <u>Verschieben bzw. Vergrößern des Textfensters</u>

   <u>Verschieben</u>

   Die Lage des aktiven Textfensters können Sie nun mit den Pfeiltasten <→>, < >, <↑> und <↓> verändern. Das Textfenster wird dabei schrittweise auf der Arbeitsfläche verschoben.

   <u>Vergrößern</u>

   Um die Größe des aktiven Textfensters zu verändern, halten Sie die <Shift>-Taste gedrückt und benutzen gleichzeitig die Pfeiltasten <→>, <   >, <↑> und <↓>. Die horizontale bzw. vertikale Ausdehnung des aktiven Textfensters ändert sich dabei schrittweise.

3. Bestätigen der Veränderungen
Nachdem das Textfenster die gewünschte Größe und Lage hat, drücken Sie bitte <Enter>, um die Veränderungen zu bestätigen. Der Rahmen des Textfensters erscheint dann wieder als helle Doppellinie.

Dasselbe können Sie auch mit der Maus machen. Näheres erfahren Sie unter den Stichwörtern *Titelleiste* und *Mausecke* in Abschnitt 4.6.9.

4.6.4 Menüpunkt »Maximale Größe«

Durch Anwahl dieses Menüpunkts wird das aktive Textfenster auf maximale Größe vergrößert. Hat es bereits maximale Größe, so wird es wieder auf seine ursprüngliche Größe verkleinert.

Dasselbe können Sie auch mit der Maus machen, indem Sie das *Zoomsymbol* oben links im Rahmen des Textfensters anklicken. Näheres erfahren Sie unter dem Stichwort *Zoomsymbol* in Abschnitt 4.6.9.

4.6.5 Menüpunkt »Umschalten«

Mit diesem Menüpunkt können Sie unter mehreren geöffneten Textfenstern das jeweils nächste aktivieren.

Dasselbe können Sie auch mit der Maus machen, indem Sie das gewünschte Textfenster einfach mit der linken Maustaste anklicken.

4.6.6 Menüpunkt »Schließen«

Durch Anwahl dieses Menüpunkts wird das aktive Textfenster geschlossen.

Sie können auch mit der Maus das *Schließsymbol* oben links im Rahmen des aktiven Textfensters anklicken. Näheres dazu erfahren Sie in Abschnitt 4.6.9.

4.6.7 Menüpunkt »Teilen«

Nach Anwahl dieses Menüpunkts werden alle geöffneten Textfenster nebeneinander auf dem Bildschirm dargestellt. Dabei wird die gesamte Arbeitsfläche genutzt. Für vier geöffnete Textfenster ergibt sich folgende Darstellung:

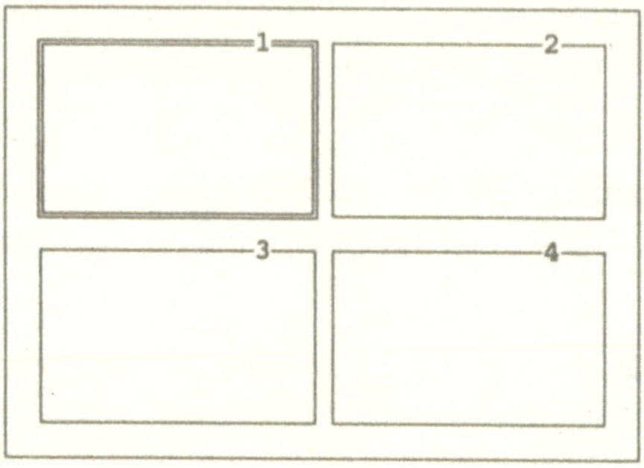

4.6.8 Menüpunkt »Stapeln«

Nach Anwahl dieses Menüpunkts werden alle geöffneten Textfenster überlappend dargestellt:

4.6.9 Funktionssymbole in Textfenstern

Der Rahmen jedes Textfensters enthält fünf Funktionssymbole:

- einen *horizontalen* und
- einen *vertikalen Rollbalken* zum Rollen des Fensterinhalts;
- oben links ein *Schließsymbol* zum Schließen des Fensters;
- oben rechts ein *Zoomsymbol* zum Vergrößern des Fensters auf Bildschirmgröße;
- unten rechts eine *Mausecke*, an der Sie das Fenster bei gedrückter linker Maustaste auf die gewünschte Größe "ziehen" können.

Außerdem können Sie jedes Textfenster am oberen Teil seines Rahmens, der *Titelleiste*, mit der Maus "anfassen" (linke Maustaste drücken und gedrückt halten) und auf dem Bildschirm verschieben.

- *Rollbalken* 

  Der vertikale Rollbalken befindet sich rechts, der horizontale Rollbalken befindet sich unten im Rahmen eines Eingabefeldes bzw. eines Textfensters.

Pfeilsymbole ◂ ▸

Indem Sie eines der Pfeilsymbole (◂ bzw. ▸) im horizontalen Rollbalken mit der linken Maustaste anklicken, können Sie den dargestellten Text schrittweise nach links bzw. rechts verrücken. Halten Sie die Maustaste gedrückt, 'rollt' der Text nach links bzw. rechts. Entsprechendes gilt für den vertikalen Rollbalken.

Stellsymbol ▪

Sie können auch das Stellsymbol ▪ innerhalb des Rollbalkens bei gedrückter linker Maustaste verschieben. Der dargestellte Text 'rollt' dann entsprechend dem Verschiebeweg des Stellsymbols im Rollbalken mit.

Hintergrund des Rollbalkens

Schließlich können Sie auch den Hintergrund des Rollbalkens anklicken, um den dargestellten Text in großen Sprüngen 'rollen' zu lassen.

Anstatt die Rollbalken (mit der Maus) zu benutzen, können Sie den im Textfenster gezeigten Text auch mit der Tastatur horizontal und vertikal rollen.

Die Tastaturbelegung ist in der folgenden Übersicht zusammengestellt:

<Pos 1>	Zeilenanfang
<Ende>	Zeilenende
<↑>	Zeile aufwärts
<↓>	Zeile abwärts
<→>	Spalte nach rechts
< >	Spalte nach links
<Bild ↑>	Seite aufwärts
<Bild ↓>	Seite abwärts
<Strg>-<Bild ↑>	Textanfang
<Strg>-<Bild ↓>	Textende

▪ *Schließsymbol* [▪]

Das Schließsymbol ist das Symbol [▪] oben links im Rahmen einer Dialogbox oder eines Textfensters. Wenn Sie das Schließsymbol anklicken,

- schließt sich die Dialogbox, ohne daß die Eingaben bzw. die Änderungen eingelesen werden;
- schließt sich das Textfenster.

Dasselbe erreichen Sie durch Drücken der Taste <Esc>. In einer Dialogbox können Sie auch den Aktionsschalter [Abbruch] anwählen.

▪ *Das Zoomsymbol* [↑]

Das Zoomsymbol ist das Symbol [↑] oben rechts im Rahmen eines Textfensters. Wenn Sie das Zoomsymbol anklicken, wird das Textfenster auf maximale Größe vergrößert. Das Zoom symbol nimmt dabei eine andere Gestalt an. Wenn Sie das Zoomsymbol dann nochmals anklicken, wird das Textfenster wieder auf seine ursprüngliche Größe verkleinert.

- *Mausecke* ┘

  Die Mausecke ist das Symbol ┘ unten rechts im Rahmen eines Textfensters. An der Mausecke können Sie das Textfenster bei gedrückter linker Maustaste auf die gewünschte Größe "ziehen". Wenn Sie die Maustaste loslassen, behält das Fenster seine augenblickliche Größe.

- *Die Titelleiste* ╔═[■]═══ ═══╗

  Die Titelleiste bildet den oberen Teil des Rahmens von Textfenstern und Dialogboxen. Wenn Sie die Titelleiste eines Textfensters bzw. einer Dialogbox mit der linken Maustaste anklicken und die Maustaste dann gedrückt halten, können Sie das Textfenster bzw. die Dialogbox auf dem Bildschirm verschieben. Wenn Sie die Maustaste loslassen, behält das Fenster bzw. die Dialogbox seine/ihre augenblickliche Position.

4.7 Menü »Hilfe«; das Hilfesystem von *Sokrataris*

Das Menü »Hilfe« erscheint rechts in der Menüleiste. Über dieses Menü können alle zentralen Hilfetexte von *Sokrataris* abgerufen werden (Bild 55).

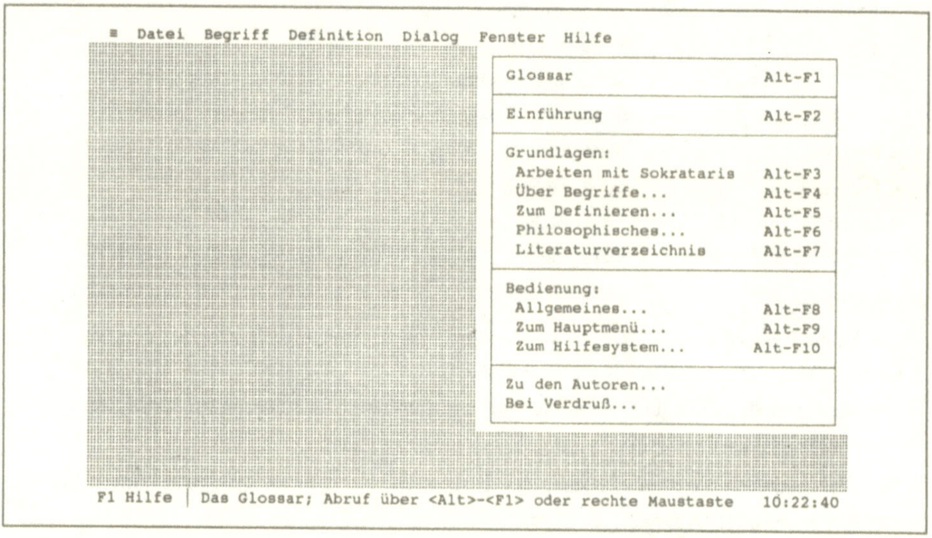

Bild 55: Das Menü »Hilfe«

Die Gliederung dieses Abschnitts unterscheidet sich von der Gliederung der vorstehenden Abschnitte: Anstatt jeden einzelnen Menüpunkt des Menüs »Hilfe« zu besprechen, wird in

Abschnitt 4.7.1 ein Überblick über den Inhalt der zentralen Hilfetexte gegeben, die über dieses Menü abgerufen werden können. Außerdem wird auf die Abschnitte in diesem Buch verwiesen, in denen einzelne Hilfetexte wiedergegeben sind.

In Abschnitt 4.7.2 werden Aufbau und Benutzung des Hilfesystems von *Sokrataris* erläutert: Die Hilfetexte sind nach dem Top-down-Prinzip gegliedert und durch Querverweise miteinander verknüpft. Die Kenntnis dieser Prinzipien erleichtert es, aus dem Hilfesystem größtmöglichen Nutzen zu ziehen.

4.7.1 Übersicht über die zentralen Hilfetexte von *Sokrataris*

Das Menü »Hilfe« stellt zwölf zentrale Hilfetexte bereit, jeweils mehrere zu den Themen »Grundlagen« und »Bedienung«. Zu den Hilfetexten im einzelnen:

Das »Glossar« ist ein Stichwortverzeichnis zu den Themen »Grundlagen«, »Bedienung« und »Definitionskriterien«. Sie können es jederzeit durch gleichzeitiges Drücken der Tasten <Alt>-<F1> oder durch Drücken der rechten Maustaste einblenden. Die an die Stichwörter anknüpfenden Hilfetexte können Sie vom Glossar aus abrufen, indem Sie
- das entsprechende Stichwort doppelt anklicken oder
- mit der <Tab>-Taste markieren und dann mit der <Enter>-Taste den verbundenen Hilfetext abrufen.

In der »Einführung« wird die Idee erläutert, die hinter *Sokrataris* steckt. Außerdem wird auf weiterführende zentrale Hilfetexte hingewiesen, denen Sie Näheres über das Arbeiten mit *Sokrataris*, über die theoretischen Grundlagen und über die Bedienung von *Sokrataris* entnehmen können. - Der Inhalt dieses Hilfetexts entspricht im wesentlichen Abschnitt 1.1 in diesem Buch.

Zum Thema »Grundlagen:« werden fünf zentrale Hilfetexte angeboten:

- »Arbeiten mit Sokrataris...«,
- »Über Begriffe...«,
- »Zum Definieren...«,
- »Philosophisches...« und
- »Literaturverzeichnis«.

Im Hilfetext »Arbeiten mit Sokrataris« werden die Anwendungsmöglichkeiten von *Sokrataris* vorgestellt: Das Erarbeiten eigener Definitionen und die Analyse von Definitionen anderer Autoren. Dieser Hilfetext wird in Abschnitt 1.2 dieses Buches aufgegriffen.

Die Hilfetexte »Über Begriffe...« und »Zum Definieren...« führen in die erkenntnistheoretischen Grundlagen von *Sokrataris* ein. Es wird näher erläutert, was ein Begriff und was Zweck einer

Definition ist, welcher Mittel man sich beim Definieren bedienen kann und welche Arten von Definitionen es gibt. Beide Hilfetexte finden Sie in Kapitel 3 dieses Buches.

Hinter dem Titel »Philosophisches...« verbirgt sich eine kleine Einführung in die "philosophischen Wurzeln" des Programms: Ideen von *Sokrates* und *Aristoteles* standen Pate, als es aus der Taufe gehoben wurde. Das Definieren von Begriffen ist eines der grundlegenden Probleme der Erkenntnislehre, einer Teildisziplin der Philosophie. Diesen Hilfetext finden Sie in Kapitel 1.3 dieses Buches.

Im »Literaturverzeichnis« sind die bibliographischen Angaben zu allen in den Hilfetexten genannten Literaturquellen zusammengestellt. Es ist nach Themenbereichen gegliedert und enthält knappe inhaltliche Charakterisierungen der wichtigsten Quellen.

Zum Thema »Bedienung« werden drei zentrale Hilfetexte angeboten:

- »Allgemeines...«;
- »Zum Hauptmenü...« und
- »Zum Hilfesystem...«.

Im Hilfetext »Allgemeines...« werden allgemeine Hinweise zur Bedienung von *Sokrataris* gegeben. Im Hilfetext »Zum Hauptmenü...« findet sich ein einführender Überblick über alle Menüs von *Sokrataris*. Im Hilfetext »Zum Hilfesystem...« werden Aufbau und Benutzung des Hilfesystems erklärt, das *Sokrataris* zur Benutzerführung bereitstellt. Dieser Hilfetext ist im folgenden Abschnitt 4.7.2 wiedergegeben.

Im Hilfetext »Zu den Autoren...« stellen sich die Autoren von *Sokrataris* kurz vor. Schließlich finden Sie in dem unter »Bei Verdruß...« angebotenen Hilfetext eine Adresse, an die Sie sich wenden können, sollte *Sokrataris* Ihnen Verdruß bereitet haben.

4.7.2 Aufbau und Benutzung des Hilfesystems von *Sokrataris*

Das Hilfesystem von *Sokrataris* hat neben den *zentralen Hilfetexten* zwei weitere Komponenten:

- die Hinweise in der *Statuszeile* und
- die *kontextbezogene Hilfe*.

Die *Statuszeile* ist die Zeile ganz unten auf dem Bildschirm. In der Statuszeile wird normalerweise die Belegung der Funktionstasten <F1> und <F10> angezeigt:

»F1 Hilfe«	Durch Drücken der Taste <F1> können Sie die kontextbezogene Hilfe abrufen. Näheres dazu in Abschnitt 2.1.7.
»F10 Menü«	Durch Drücken der Taste <F10> können Sie die Menüleiste aktivieren.

Die Statuszeile von *Sokrataris* arbeitet dynamisch: Sie wird ständig aktualisiert, um Sie bei dem Arbeitsschritt zu unterstützen, den Sie gerade ausführen. Sobald beispielsweise eine Dialogbox mit einem mehrzeiligen Eingabefeld auf der Arbeitsfläche erscheint, werden in der Statuszeile zusätzlich die Tastaturbelegungen

»Pos1 Zeilenanfang« und
»Ende Zeilenende«

angezeigt. Mit diesen Tasten, <Pos1> und <Ende>, können Sie den Cursor rasch auf den Zeilenanfang bzw. das Zeilenende positionieren. Sobald die Menüleiste aktiv ist, wird in der Statuszeile ein kurzer Hinweis ausgegeben, der den markierten Eintrag näher erläutert.

Die Einträge in der Statuszeile reagieren ferner auf Mausklick: Sie können damit dieselbe Aktion wie durch Drücken der angegebenen Taste auslösen. Insofern gleichen die Einträge in der Statuszeile den Aktionsschaltern in den Dialogboxen.

Die *kontextbezogene Hilfe* von *Sokrataris* bietet besonderen Komfort. Mit welcher Dialogbox in *Sokrataris* auch immer Sie arbeiten, durch Drücken der Taste <F1> können Sie einen Hilfetext abrufen, in dem diese Dialogbox näher erläutert wird. Auch mit den Menüs in der Menüleiste und deren einzelnen Menüpunkten sind Hilfetexte verknüpft, die Sie durch Drücken der Taste <F1> abrufen können. Diese Hilfetexte gehören zur kontextbezogenen Hilfe. "Kontextbezogen" heißt sie, weil sich diese Hilfe immer auf die gegenwärtig bearbeitete Dialogbox bzw. den gegenwärtig markierten Menüpunkt bezieht. Das spart Zeit: Langes Suchen des "richtigen" Hilfetextes ist nicht erforderlich.

Die Hilfetexte der kontextbezogenen Hilfe stehen auf zwei Arten in Beziehung zueinander: Sie sind gemäß dem *Top-down-Prinzip* gegliedert und durch *Querverweise* miteinander verknüpft.

Die Gliederung gemäß dem *Top-down-Prinzip* orientiert sich an der Menüstruktur:

- Zu jedem der Menüs von *Sokrataris* gibt es einen Hilfetext, in dem ein Überblick über die Funktionen des Menüs gegeben wird. Diese Hilfetexte können Sie nach Aktivieren der Menüleiste mit <F10> und Markieren des gewünschten Menüs durch Drücken von <F1> abrufen.
- Die zahlreichen Menüpunkte in den Menüs »Definition«, »Fenster« und »Hilfe« sind durch Zwischenüberschriften zu Gruppen zusammengefaßt. Die an diese Zwischenüberschriften geknüpften Hilfetexte bieten einen Überblick über die Verwendung der darunterstehenden Gruppe von Menüpunkten. Auch diese Hilfetexte können Sie durch Drücken von <F1> abrufen, nachdem Sie die gewünschte Zwischenüberschrift markiert haben.
- An die einzelnen Menüpunkte der Menüs sind ebenfalls Hilfetexte geknüpft. Darin werden die mit den einzelnen Menüpunkten verbundenen Funktionen knapp erläutert. Zum Abrufen dieser Hilfetexte markieren Sie den gewünschten Menüpunkt und drücken <F1>.

- Wählen Sie schließlich einen Menüpunkt an, um eine Dialogbox abzurufen, so finden Sie in dem zur Dialogbox gehörenden Hilfetext ausführliche Hinweise zu deren Bearbeitung. Sie können diesen Hilfetext durch Drücken von <F1> unmittelbar abrufen.

Die Hilfetexte von *Sokrataris* sind vielfach durch *Querverweise* miteinander verknüpft. Derartige Querverweise werden auch in Nachschlagewerken wie Lexika und Wörterbüchern verwendet. Die Stichwörter zu den Querverweisen sind teils im Text enthalten, teils am Ende des Textes aufgeführt. Sie sind durch einen kleinen Pfeil (↑) gekennzeichnet und zusätzlich durch Leuchtschrift hervorgehoben. Um zu dem an ein Stichwort geknüpften Hilfetext zu verzweigen, können Sie

- das Stichwort doppelt anklicken oder
- mit der <Tab>-Taste markieren und dann mit der <Enter>-Taste den daran geknüpften Hilfetext abrufen.

Am Ende vieler Hilfetexte finden Sie...

- ... unter der Überschrift "Überblick" einen oder mehrere Querverweise zu Hilfetexten, die in der Top-down-Gliederung dem gegenwärtig betrachteten Hilfetext übergeordnet sind. Diese Hilfetexte dienen dem Überblick über die Einordnung des Einzelnen in das Ganze.
- ... unter der Überschrift "Näheres" einen Querverweis zu einem Hilfetext, der in der Top-down-Gliederung dem gegenwärtig betrachteten Hilfetext untergeordnet ist. In diesem Hilfetext wird auf Einzelheiten eingegangen.
- ... unter der Überschrift "Zu den Editorfunktionen" einen Querverweis zu dem Hilfetext, in dem die Bedienung des Texteditors von *Sokrataris* erläutert wird (vgl. dazu auch die Abschnitte 2.1.14 und 2.2.5 dieses Buches).

5 Ausblick

Das Bessere
ist des Guten Feind.

Volksmund

5 Ausblick

Viele Leser werden inzwischen eine gewisse Erfahrung im Umgang mit Begriffen und Definitionen sowie dem von *Sokrataris* unterstützten Defintionsprozeß erworben haben. Sie werden manchen Vorzug des Programms kennengelernt haben; aber möglicherweise wurde dabei auch der Wunsch nach weitergehender Unterstützung wach, die in einer weiterentwickelten Version von *Sokrataris* implementiert werden sollte, oder es entstanden Ideen zur Verbesserung bzw. Erweiterung des Programms. In jedem Fall würden sich die Autoren über Kommentare und Anregungen freuen; die Kontaktadresse ist im Hilfetext »Bei Verdruß...« verzeichnet.

Bei den Tests der Entwicklungsversionen von *Sokrataris* wurden unter anderen auch die drei folgenden Ideen geboren. Sie seien in diesem Ausblick zur Diskussion gestellt:

- *Von den Hilfetexten zu Tutorials:* Die Funktion als *Berater* des wissenschaftlich Arbeitenden erfüllt *Sokrataris* durch die umfangreichen Hilfetexte, in denen die Definitionslehre dargestellt wird. Obwohl die Hilfetexte miteinander vernetzt sind, bieten sie dem Anwender nur geringe Interaktionsmöglichkeiten. So ist beispielsweise eine Selbstkontrolle, ob man den Inhalt des gerade gelesenen Hilfetextes ausreichend verstanden hat, nicht vorgesehen. Hier könnten *Tutorials* (eine spezielle Art von Lernprogrammen), die in die Menüs von *Sokrataris* aufgenommen werden, wirksam Abhilfe schaffen. Insbesondere zu den zentralen Hilfetexten bieten sie eine überlegenswerte Alternative, mit der der wissenschaftlich Arbeitende noch besser als bisher unterstützt werden kann.

- *Von der Begriffspyramide zum Begriffssystem: Sokrataris* unterstützt den wissenschaftlich Arbeitenden bei der Definition einzelner Begriffe und ermöglicht deren Einordnung in eine *Begriffspyramide,* die streng hierarchisch gegliedert ist. In vielen wissenschaftlichen Arbeiten bedarf es aber nicht nur einer *Begriffspyramide,* sondern eines *Begriffssystems.* Ein solches Begriffssystem kann z.B. mit dem Objekttypen-Ansatz konstruiert werden (vgl. Wedekind 1981; zur Einbindung in eine informationsorientierte Betriebswirtschaftslehre vgl. Müller-Merbach 1985, 1989). Die zweite Idee zur Erweiterung von *Sokrataris* zielt auf die Einbeziehung dieser Konstruktionsmethode in das Programmkonzept: Nicht nur eine hierarchische Ordnung, sondern alle Arten denkbarer Beziehungen zwischen Begriffen innerhalb der Begriffswelt einer Arbeit wären mit Hilfe des Objekttypenansatzes darstellbar.

- *Von wirtschaftswissenschaftlichen Lexika zu Definitionsbanken:* Bisher sind nur einige wenige Beispieldefinitionen verfügbar, und es ist kaum wahrscheinlich, daß ein Leser eine der Beispieldefinitionen für die eigene Arbeit unmittelbar verwenden kann. Mit der zweiten Idee zur

Erweiterung von *Sokrataris* wird der enzyklopädische Gedanke aufgegriffen: Die wichtigsten wirtschaftswissenschaftlichen Fachbegriffe können im Kriterienraster von *Sokrataris* definiert, nach Sachgebieten geordnet und dem wissenschaftlich Arbeitenden im Datenformat von *Sokrataris* auf Diskette oder CD-ROM zur Verfügung gestellt werden. Neben wirtschaftswissenschaftliche Lexika treten einheitlich strukturierte, rechnergestützte Definitionsbanken, deren Einträge vom Benutzer verändert, ergänzt und gegebenenfalls unmittelbar in die eigene Arbeit eingebunden werden können.

Alle drei Ideen sind noch nicht ausgereift, sondern erst angedacht. Kommentare und Anregungen sind daher willkommen, schließlich fühlen sich die Autoren nicht nur im Hinblick auf Verbesserungsvorschläge, die *Sokrataris* betreffen, einem Wahlspruch von *Thomas Alva Edison* (1847 - 1931) verbunden:

There is a way of doing it better, find it.

Literatur

Die Literatur ist in vier Themenbereiche gegliedert:

- In Themenbereich 1 sind einige Veröffentlichungen zu den methodischen und formalen Grundlagen wissenschaftlichen Arbeitens zusammengestellt.
- Themenbereich 2 umfaßt die Literatur zu den erkenntnistheoretischen Grundlagen von *Sokrataris*, ergänzt um knappe inhaltliche Charakterisierungen der angegebenen Monographien.
- In Themenbereich 3 werden Schriften genannt, in denen das Denken der großen Philosophen leicht verständlich vermittelt wird.
- Themenbereich 4 schließlich enthält die bibliographischen Angaben zu der betriebswirtschaftlichen Literatur, aus der Anregungen für die Beispiele entnommen wurden. Einen Schwerpunkt bilden dabei Quellenangaben zum Themenkreis *Umweltschutz und Betriebswirtschaftslehre*, zu dem das in Kapitel 2 vorgestellte Beispiel (Definition des Begriffs *Umweltschutzmanagement*) gehört.

Themenbereich 1: Literatur zu Methodik und Form wissenschaftlichen Arbeitens

Die drei im folgenden genannten Arbeiten sind Anleitungen zum wissenschaftlichen Arbeiten. Darin werden unter anderem die Planung einer schriftlichen Arbeit, die Materialbeschaffung und -auswahl sowie die formale Gestaltung der Arbeit behandelt.

Bänsch, Axel: Wissenschaftliches Arbeiten. Seminar- und Diplomarbeiten. München, Wien: Oldenbourg **1992**.

Sesink, Werner: Einführung in das wissenschaftliche Arbeiten ohne und mit PC. München, Wien: Oldenbourg **1990**.

Theisen, Manuel R.: Wissenschaftliches Arbeiten: Technik - Methodik - Form. 4. Auflage. München: Vahlen **1990**.

Themenbereich 2: Literatur zu den erkenntnistheoretischen Grundlagen von *Sokrataris*

In diesem Abschnitt ist die Literatur zu den erkenntnistheoretischen Grundlagen von *Sokrataris* zusammengestellt. Dabei werden die Monographien und die Stichwortaufsätze aus Enzyklopädien und Lexika getrennt aufgeführt. Die Monographien enthalten jeweils zusammenhängende Darstellungen mehrerer Themenkreise aus der Erkenntnistheorie. Die Stichwortaufsätze hingegen lassen sich drei Themenkreisen zuordnen: Der Interpretation des Terminus *Begriff*, der *Definitionslehre* und teilweise auch *einzelnen Definitionskriterien*.

a) Monographien

Eine umfassende Einführung in die Definitionslehre und insbesondere in die Problematik des Definierens sozial- und wirtschaftswissenschaftlicher Begriffe gibt

Pawlowski, Tadeusz: Begriffsbildung und Definition. Berlin, New York: de Gruyter **1980**.

Gut verständlich, wenn auch nicht auf dem neuesten Stand der erkenntnistheoretischen Diskussion ist die Einführung von

Merk, Gerhard: Grundbegriffe der Erkenntnistheorie für Ökonomen. Berlin: Duncker & Humblot **1985**.

Wissenschaftstheoretische Grundfragen der Betriebswirtschaftslehre, darunter die verschiedenen Aussagenkategorien, behandelt

Raffée, Hans: Grundprobleme der Betriebswirtschaftslehre. Göttingen: Vandenhoeck & Ruprecht **1974**.

Weiterführende und grundlegende Werke:

Dubislav, Walter: Die Definition, 4. Auflage; Nachdruck der 3. Auflage von **1931**. Hamburg: Meiner 1981.

Esser, Hartmut; **Klenovitz**, Klaus; **Zehnpfennig**, Helmut: Wissenschaftstheorie 1. Grundlagen und Analytische Wissenschaftstheorie. Stuttgart: Teubner **1977**.

Fischer, Anton: Die philosophischen Grundlagen der wissenschaftlichen Erkenntnis, 2. Auflage. Wien, New York: Springer **1967**.

Kraft, Victor: Erkenntnislehre. Wien: Springer **1960**.

Raffée, Hans; **Abel**, Bodo (Hrsg.): Wissenschaftstheoretische Grundfragen der Wirtschaftswissenschaften. München: Vahlen **1979**.

b) Stichwortaufsätze aus Enzyklopädien und Lexika

In den genannten Stichwortaufsätzen wird in unterschiedlichem Maße von der erkenntnistheoretischen und philosophischen Terminologie Gebrauch gemacht. In den Abschnitten 3.1 und 3.2 werden die wichtigsten Begriffe eingeführt.

b1) Zum erkenntnistheoretischen Terminus *Begriff*

Thiel, Christian: Stichwortaufsatz *Begriff*, in: Seiffert, Helmut; Radnitzky, Gerard (Hrsg.): Handlexikon zur Wissenschaftstheorie. München: Ehrenwirth **1989**.

Kuhlmann, W.: Stichwortaufsatz *Begriff*, in: Braun, Edmund; Radermacher, Hans: Wissenschaftstheoretisches Lexikon. Graz, Wien, Köln: Styria **1978**.

de Vries, Josef: Stichwortaufsatz *Begriff*, in: Brugger, Walter (Hrsg.): Philosophisches Wörterbuch, 17. Auflage. Freiburg, Basel, Wien: Herder **1976a**.

Stegmüller, W.: Stichwortaufsatz *Begriffsbildung*, in: Speck, Josef (Hrsg.): Handbuch wissenschaftstheoretischer Begriffe, Band 1. A - F. Göttingen: Vandenhoeck & Ruprecht **1980**.

Willwoll, Alexander: Stichwortaufsatz *Begriffsbildung*, in: Brugger, Walter (Hrsg.): Philosophisches Wörterbuch, 17. Auflage. Freiburg, Basel, Wien: Herder **1976a**.

Haller, R.; **Grassl**, W.: Stichwortaufsatz *Bedeutung*, in: Speck, Josef (Hrsg.): Handbuch wissenschaftstheoretischer Begriffe, Band 1. A - F. Göttingen: Vandenhoeck & Ruprecht **1980**.

Willwoll, Alexander: Stichwortaufsatz *Bewußtsein*, in: Brugger, Walter (Hrsg.): Philosophisches Wörterbuch, 17. Auflage. Freiburg, Basel, Wien: Herder **1976b**.

Radermacher, Hans: Stichwortaufsatz *Abstraktion*, in: Braun, Edmund; Radermacher, Hans: Wissenschaftstheoretisches Lexikon. Graz, Wien, Köln: Styria **1978a**.

Brugger, Walter: Stichwortaufsatz *Abstraktion*, in: Brugger, Walter (Hrsg.): Philosophisches Wörterbuch, 17. Auflage. Freiburg, Basel, Wien: Herder **1976a**.

Lorenz, Kuno: Stichwortaufsatz *Merkmal*, in: Mittelstraß, Jürgen (Hrsg.): Enzyklopädie Philosophie und Wissenschaftstheorie, Band 2: H - O. Mannheim, Wien, Zürich: Bibliographisches Institut **1984a**.

Hahn, R.; **Meder**, N.: Stichwortaufsatz *Gegenstandsbereich*, in: Braun, Edmund; Radermacher, Hans: Wissenschaftstheoretisches Lexikon. Graz, Wien, Köln: Styria **1978b**.

Lorenz, Kuno: Stichwortaufsatz *intensional/Intension*, in: Mittelstraß, Jürgen (Hrsg.): Enzyklopädie Philosophie und Wissenschaftstheorie, Band 1: A - G. Mannheim, Wien, Zürich: Bibliographisches Institut **1980**.

Thiel, Christian: Stichwortaufsatz *extensional/Extension*, in: Mittelstraß, Jürgen (Hrsg.): Enzyklopädie Philosophie und Wissenschaftstheorie, Band 1: A - G. Mannheim, Wien, Zürich: Bibliographisches Institut **1980**.

Weingartner, Paul: Stichwortaufsatz *Extension/Intension*, in: Speck, Josef (Hrsg.): Handbuch wissenschaftstheoretischer Begriffe, Band 1. A - F. Göttingen: Vandenhoeck & Ruprecht **1980**.

b2) Zur Definitionslehre

Radnitzky, Gerard: Stichwortaufsatz *Definition*, in: Seiffert, Helmut; Radnitzky, Gerard (Hrsg.): Handlexikon zur Wissenschaftstheorie. München: Ehrenwirth **1989**.

Suppes, P.: Stichwortaufsatz *Definition*, in: Speck, Josef (Hrsg.): Handbuch wissenschaftstheoretischer Begriffe, Band 1. A - F. Göttingen: Vandenhoeck & Ruprecht **1980**.

Radermacher, Hans: Stichwortaufsatz *Definition*, in: Braun, Edmund; Radermacher, Hans: Wissenschaftstheoretisches Lexikon. Graz, Wien, Köln: Styria **1978c**.

Gabriel, Gottfried: Stichwortaufsätze *Definition, Definition, implizite*, in: Mittelstraß, Jürgen (Hrsg.): Enzyklopädie Philosophie und Wissenschaftstheorie, Band 1: A - G. Mannheim, Wien, Zürich: Bibliographisches Institut **1980a**.

Brugger, Walter: Stichwortaufsatz *Definition*, in: Brugger, Walter (Hrsg.): Philosophisches Wörterbuch, 17. Auflage. Freiburg, Basel, Wien: Herder **1976b**.

Gabriel, Gottfried: Stichwortaufsätze *Definition, induktive, Definition, rekursive*, in: Mittelstraß, Jürgen (Hrsg.): Enzyklopädie Philosophie und Wissenschaftstheorie, Band 1: A - G. Mannheim, Wien, Zürich: Bibliographisches Institut **1980b**.

b3) Zu einzelnen Definitionskriterien

Brugger, Walter: Stichwortaufsätze *Abstrakt, Konkret*, in: Brugger, Walter (Hrsg.): Philosophisches Wörterbuch, 17. Auflage. Freiburg, Basel, Wien: Herder **1976c**.

Schroeder, Peter: Stichwortaufsatz *Begriffspyramide*, in: Mittelstraß, Jürgen (Hrsg.): Enzyklopädie Philosophie und Wissenschaftstheorie, Band 1: A - G. Mannheim, Wien, Zürich: Bibliographisches Institut **1980**.

Lorenz, Kuno: Stichwortaufsatz *Oberbegriff*, in: Mittelstraß, Jürgen (Hrsg.): Enzyklopädie Philosophie und Wissenschaftstheorie, Band 2: H - O. Mannheim, Wien, Zürich: Bibliographisches Institut **1984b**.

Lotz, P. J. B.: Stichwortaufsatz *Analogie*, in: Brugger, Walter (Hrsg.): Philosophisches Wörterbuch, 17. Auflage. Freiburg, Basel, Wien: Herder **1976**.

de Vries, Josef: Stichwortaufsatz *Allgemeinbegriff*, in: Brugger, Walter (Hrsg.): Philosophisches Wörterbuch, 17. Auflage. Freiburg, Basel, Wien: Herder **1976b**.

Willwoll, Alexander: Stichwortaufsatz *Gestalt*, in: Brugger, Walter (Hrsg.): Philosophisches Wörterbuch, 17. Auflage. Freiburg, Basel, Wien: Herder **1976c**.

Brugger, Walter: Stichwortaufsatz *Gegensatz*, in: Brugger, Walter (Hrsg.): Philosophisches Wörterbuch, 17. Auflage. Freiburg, Basel, Wien: Herder **1976d**.

Themenbereich 3: Literatur zu dem philosophischen Hintergrund von *Sokrataris*

de Crescenzo, Luciano: Geschichte der griechischen Philosophie. Von Sokrates bis Plotin. Zürich: Diogenes-Verlag **1988**.

Müller-Merbach, Heiner: Philosophie-Splitter für das Management. Bad Homburg v.d.H.: DIE-Verlag **1991**.

Rehmke, Johannes; **Schneider**, Friedrich: Geschichte der Philosophie. Wiesbaden: VMA **1983**.

Weischedel, Wilhelm: Die philosophische Hintertreppe. 34 große Philosophen in Alltag und Denken, 17. Auflage. München: Deutscher Taschenbuch Verlag **1988**.

Themenbereich 4: Literatur zu den Beispielen aus der Betriebswirtschaftslehre

Ahlert, Dieter; **Franz**, Klaus-Peter; **Kaefer**, Wolfgang: Grundlagen und Grundbegriffe der Betriebswirtschaftslehre. Reihe: Betriebswirtschaft und Betriebspraxis, hrsg. v. Herbert Vormbaum, 4. Auflage. Düsseldorf: VDI-Verlag **1982**.

Bea, Franz Xaver; **Dichtl**, Erwin; **Schweitzer**, Marcell: Allgemeine Betriebswirtschaftslehre, 3. Auflage. Stuttgart, New York: Fischer **1985**.

Corsten, Hans; **Götzelmann**, Frank: Ökologische Aspekte des betrieblichen Leistungsprozesses (I), in: WISU - Das Wirtschaftsstudium, 18. Jg., **1989a**, H. 6, S. 350 - 355.

Corsten, Hans; **Götzelmann**, Frank: Ökologische Aspekte des betrieblichen Leistungsprozesses (II), in: WISU - Das Wirtschaftsstudium, 18. Jg., **1989b**, H. 7, S. 409 - 414.

Hunt, Christopher B.; **Auster**, Ellen R.: Proactive Environmental Management: Avoiding the Toxic Trap, in: Sloan Management Review, Vol. 11, **1990**, No. 2, PP. 7 - 18.

Kosiol, Erich: Pagatorische Bilanz. Berlin: Duncker & Humblot **1976**.

Kotler, Philip; **Bliemel**, Friedhelm: Marketing-Management. Analyse, Planung, Umsetzung und Steuerung, 7. Auflage. Stuttgart: Poeschel **1992**.

Mag, Wolfgang: Planung, in: Vahlens Kompendium der Betriebswirtschaftslehre, hrsg. von Baetge, Jörg, et al., Band 2. München: Vahlen **1984**, S. 1 - 52.

Möhrle, Martin G.: Informationssysteme in der betrieblichen Forschung und Entwicklung. Konzeptioneller Entwurf, empirischer Befund und zukünftige Praxis. Bad Homburg v. d. H.: DIE-Verlag **1991**.

Müller-Merbach, Heiner: Operations Research. Methoden und Modelle der Optimalplanung, 3. Auflage. München: Vahlen **1973**.

Müller-Merbach, Heiner: Eine informationsorientierte Betriebswirtschaftslehre, in: Heinrich, Lutz J.; Lüder, Klaus (Hrsg.): Angewandte Betriebswirtschaftslehre und Unternehmensführung. Festschrift zum 65. Geburtstag von Hans Blohm. Herne, Berlin: Neue Wirtschaftsbriefe **1985**, S. 13 - 34.

Müller-Merbach, Heiner: Komprehensive Informationssysteme und Allgemeine Betriebswirtschaftslehre, in: Zeitschrift für Betriebswirtschaft, 59. Jg., **1989**, H. 10, S. 1023 - 1045.

Franz, Klaus-Peter: Der Jahresabschluß der Unternehmung. Reihe: Betriebswirtschaft und Betriebspraxis, hrsg. v. Herbert Vormbaum, 3. Auflage. Düsseldorf: VDI-Verlag **1988**.

Raffée, Hans: Gegenstand, Methoden und Konzepte der Betriebswirtschaftslehre, in: Vahlens Kompendium der Betriebswirtschaftslehre, hrsg. von Baetge, Jörg, et al., Band 1. München: Vahlen **1984**, S. 1 - 45.

Rat von Sachverständigen für Umweltfragen: Umweltgutachten 1987. Stuttgart, Mainz: Kohlhammer **1987**.

Schäfer, Erich: Die Unternehmung, 10. Auflage. Wiesbaden: Gabler **1980**.

Seidel, Eberhard; **Menn**, Heiner: Ökologisch orientierte Betriebswirtschaft. Stuttgart, Berlin, Köln, Mainz: Kohlhammer 1988.

Wedekind, Hartmut: Datenbanksysteme I. Eine konstruktive Einführung in die Datenverarbeitung in Wirtschaft und Verwaltung, 2.Auflage. Mannheim, Wien, Zürich: Bibliographisches Institut **1981**.

Hinweise zur Installation

Diesem Buch liegt eine 3½-Zoll Diskette (720 kB) bei, die für IBM-kompatible Personal-Computer geeignet ist. Auf dieser Diskette befinden sich

- das Installationsprogramm zu *Sokrataris* (INSTALL.EXE),
- das Hauptprogramm von *Sokrataris* (SOKRATA.EXE),
- die Datei mit den Hilfetexten (SHCXXXX.HLP) sowie
- einige Beispieldefinitionen als Datensatz- (*.SOK) und als Textdateien (*.TXT).

Sokrataris läuft auf IBM-kompatiblen Personal-Computern mit mindestens 640 kB Arbeitsspeicher und einem 3½-Zoll-Diskettenlaufwerk. Eine Festplatte, eine Maus und ein Farbmonitor sind empfehlenswert, aber nicht Voraussetzung.

Der Speicherplatzbedarf für sämtliche Dateien von *Sokrataris* beträgt etwa 500 kByte (0,5 MByte). Wollen Sie *Sokrataris* auf der Festplatte Ihres Personal-Computer installieren, muß Speicherplatz in mindestens dieser Größe noch verfügbar sein.

Um *Sokrataris* mit Hilfe des Installationsprogramms auf der Festplatte zu installieren, benötigen Sie etwa fünf Minuten.

Vorgehensweise bei der Installation: Bitte legen Sie die Diskette in das 3½-Zoll-Diskettenlaufwerk Ihres Personal-Computers ein, wechseln Sie auf dieses Laufwerk (in der Regel mit der Eingabe A: <Enter> oder B: <Enter>). Anschließend können Sie das Installationsprogramm starten mit der Eingabe

INSTALL <Enter>.

Das Installationsprogramm meldet sich mit einer Standardmaske und Hinweisen zum weiteren Vorgehen (Bild A1).

Meist wird die Festplatte von Personal-Computern mit dem Laufwerkbuchstaben C: angesprochen. In diesem Fall genügt im Installationsprogramm die Eingabe

C: <Enter>.

Das Installationsprogramm legt bei dieser Eingabe auf Laufwerk C: das Verzeichnis SOKRATA an und kopiert alle oben genannten Dateien in dieses Verzeichnis.

```
-------------------------------------------------------------
------------------Installationsprogramm zu--------------------
-------------------------------------------------------------
-------------------------Sokrataris---------------------------
-------------------------------------------------------------

    Das Installationsprogramm legt für Sokrataris ein neues
Verzeichnis an und installiert Sokrataris in dem neuen Verzeichnis.

Bitte geben Sie ein:
• das Laufwerk, auf dem Sokrataris installiert werden soll;
  Beispiel:    »C:«
  oder
• den Pfad (Laufwerk + Verzeichnis), in dem Sokrataris installiert
  werden soll;
  Beispiel:    »C:\ACCESS«

Falls Sie die Installation abbrechen wollen, geben Sie bitte »X« ein.

Bitte schließen Sie die Eingabe mit <Enter> ab.

Eingabe: C:
```

Bild A1: Die Standardmaske des Installationsprogramms

Nach erfolgreichem Abschluß der Installation wird automatisch in das neu angelegte Verzeichnis gewechselt, es erscheint dann

C:\SOKRATA>

auf dem Bildschirm. Von hier aus können Sie *Sokrataris* starten:

- Normalerweise genügt die Eingabe von

  SOKRATA <Enter>.

- Falls Sie einen Monochrom-Monitor benutzen und auf Ihrem Personal-Computer das Programm *Microsoft Windows* installiert haben, können Sie *Sokrataris* auch von diesem Programm aus aufrufen: Melden Sie *Sokrataris* als *DOS*-Anwendung unter *Windows* an, und starten Sie *Sokrataris* von *Windows* aus. *Sokrataris* benutzt dann den von *Windows* bereitgestellten Graphiktreiber, um die Benutzeroberfläche in abgestuften Grautönen darzustellen. Das ist im Vergleich zur unter *DOS* dargestellten Benutzeroberfläche deutlich angenehmer anzusehen.

www.ingramcontent.com/pod-product-compliance
Lightning Source LLC
LaVergne TN
LVHW042245300926
849161LV00003B/475